感性生活 理性工作

感性，品味生活的态度；

理性，感知未来的潜能。

感性使人亲和、饱满，理性使人睿智、果断，两者平衡，人性的光辉才能闪现。

刘清江 李克勤◎著

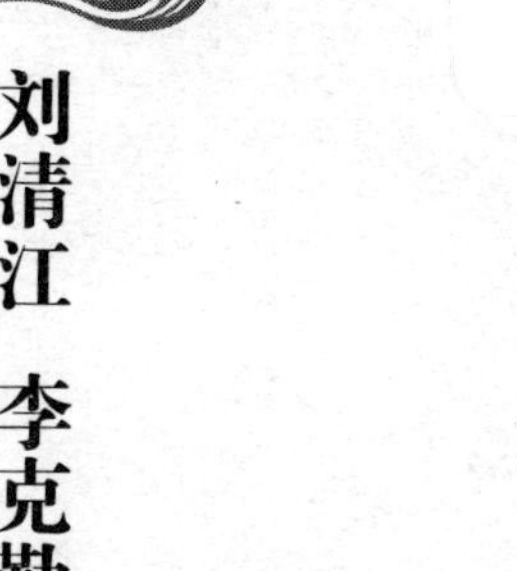

中国商业出版社

图书在版编目(CIP)数据

理性工作　感性生活/刘清江，李克勤著. —北京：中国商业出版社，2013.5

ISBN 978-7-5044-8065-1

Ⅰ. ①理… Ⅱ. ①刘… ②李… Ⅲ. ①成功心理—通俗读物 Ⅳ. ①B848.4-49

中国版本图书馆 CIP 数据核字(2013)第 063778 号

责任编辑:刘万庆

中国商业出版社出版发行
010—63180647 www.c-cbook.com
(100053　北京广安门内报国寺 1 号)
新华书店总店北京发行所经销
北京市德美印刷厂印刷
*
710×1000 毫米　16 开　13.75 印张　190 千字
2013 年 5 月第 1 版　2013 年 5 月第 1 次印刷
定价:32.00 元
* * * *
(如有印装质量问题可更换)

前言

人生可以分解为工作和生活两大块，一个精彩、丰富的完美人生，是由努力工作和快乐生活的结果所构成的。追求人生的完美，需要在工作和生活上下工夫，要想收到事半功倍的效果，我们就得“理性工作，感性生活”。

所谓“理性工作”，就是在工作的时候，要有端正的心态，清醒的头脑，实干的精神，睿智的内功，明白自己在工作中扮演什么角色，如何激发自身的潜能，清楚工作中的哪些做法是对的，哪些是错的；哪些是应该学习的，哪些是应该摒弃的。

在理性思维的指引下，我们可以更加准确地进行职业方向定位和角色定位，实现理想、目标同自身潜力的完美结合，提升自己对职业生涯的规划和掌控水平，这样感性化的梦想距离现实将不再遥远，不经意间我们便可以品味到事业成功的感觉。

所谓“感性生活”，就是工作以外放飞自己，做自己想做而能做的事情，不再需要理会那些的条条框框。在可能的情况下，尽可能地轻松、自如地享受自己的生活。我们可以去争取属于自己的幸福，可以体验高尚情趣带来的惬意，还可以珍惜眼前的生活或者享受随时随地的快乐。

感性生活还需要理性规划，生活中有太多的欲望和诱惑，它们往往隐藏于细微之中，稍不留神，我们就会随着感性的滑梯坠入无底深渊。因此，我们需要理性规划好正确的生活路线，在这条通往幸福的大道上，我们始终保持一颗平常心，学会满足，学会放弃，学会淡泊，理解别人，善待自己，享受生活，我们就能在生活之中随处可见“庭前花谢花开”，欣赏“天空云卷云舒”。

人生的感性与理性并不是水火不相容的，它们都是以共建一个完美的人生为目的。感性无处不在，飘忽于生活间，存在于心灵里，又不得不在理性中收敛。人总是在感性与理性之间不断地徘徊，也就是说，我们需要平衡工作与生活。

人生之路就是一场感性和理性的对话。没有激情，生活就犹如一潭死水，人生变得毫无生趣；缺少理性，激情就会信马由缰，人生将不可避免地陷入大大小小的职业困境之中。总体而言，工作还是理性好，理性的工作是一种修炼，运用好上班的八小时，我们才会少犯错误，少走弯路，我们将更容易开启一个积极向上、螺旋上升的职业通道；生活还是感性好，感性的生活是一种快乐，支配好下班后的美好时光，我们才会有魅力，才会开心，才会快乐，才会抛弃世间所有凡尘杂念，我们将更容易感受到生活带来的无限乐趣和惬意。

本书基于大量生活中的事实，采用理性和感性思维相结合的方式，提出并论述了许多有益的观点，希望广大读者能从中找到工作和生活的平衡点，在这个纷繁复杂的大社会环境中活出自己的个性来，在这个充满竞争的环境中拼出成功的事业来。

Contents

第三章　眼疾手快,以实干家的精神做好工作

眼为心灵之窗户,手为行动之利器。每个企业都不是完美无缺的,总有很多问题需要去发现去解决,很多工作需要高效去完成,聪明的职场人会认真地对待工作中的每一个细节,不会给企业造成任何损失,也不会错失眼前的每一次良机,以实干家的精神,踏踏实实地做好手中的工作。只要他们工作一天,就会做到"眼中有物,手中有活"。

第四章　口耳并重,以演讲家的睿智完善工作

我们都非常羡慕那些激情澎湃的演讲家,从两千多年前古希腊的苏格拉底到今天的美国总统奥巴马,他们的经典演讲出尽风头,甚至有时候影响了历史的进程。不过在现实工作中,很多人"台下"能力出众,"台上"却不知所云,还有

人口若悬河，毫无重点，根本不懂说话的艺术。孔子说“讷于言而敏于行”，能言还需善听，口耳并重，才能完善工作。

下篇　八小时之外：感性生活享受人生的幸福

第五章　争其必然，寻找属于自己的幸福

幸福是自己争取的。在漫长的人生旅途中，寻找幸福的过程痛苦而快乐，你会感受生活如艳阳高照、鲜花盛开，也会经历夏暑冬寒、风霜雪雨。面对生活中的一些矛盾，我们要敢于抗争，懂得珍惜，点燃希望，勇敢地选择自己的道路，你所付出的回报都将慢慢积累成幸福。有一天，你会发现，幸福其实就在你身边。这是你认真对待生活的一个必然结果。

第六章 得之淡然，懂得珍惜眼前的生活

每个人都有欲望，但并不是每个人的欲望都能得到满足。“求不得”只能带给我们痛苦，让我们的心越来越累，快乐越来越少。在痛苦之中，我们往往忽视了眼前所拥有的东西。其实，生活的真谛在于珍惜。懂得珍惜拥有，你的内心就会少一些烦恼，多一些坦然和快乐。如果一味地放任心中贪婪，最终毁掉的只有自己，空留一生叹息。

第七章 为之怡然，体验高尚情趣的惬意

一个人最快乐的事就是，在工作之外，还有自己感兴趣的事情可做。培养多元化的高尚兴趣，也是一种心性的调剂，我们若能在生活中培养一些嗜好，如读书、绘画、运动、养花等等，可以帮助我们理性思维加上感性诉求，让自己在体验高尚情趣惬意的同时，还能让闲暇的生活充实有益，又丰富多彩。

第八章 顺其自然，享受随时随地的快乐

生活中的很多事情是无法以人的意志为转移的，好花不常开，美景不常在，我们要坦然地面对生活，平和地看待一切，并遵循客观规律为人为事，只有如此，才能真正做到不以物喜，不以己悲。倘若真能如此，幸福的生活其实很简单，只要你善于发现、认真体会，快乐将随时随地、无处不在。

上篇

八小时之内:理性工作打造完美事业

第一章　心安志定，以科学家的心态对待工作

科学家具有远大的志向、坚定的决心、投身事业的真心、对工作的专心、对事物的虚心等等，正是这些积极向上的心态，奠定了他们成功的基础。科学家的心态值得每位职场人士借鉴，以科学家的心态理性地对待工作，主动转变对自己从事工作的态度，你会觉得工作一直很精彩，就会有动力来更加努力地实现自己的职业梦想。

1. 胸怀大志，事业长久远

职场如战场，在我们踏入职场的第一天，所有的人只是职场上的一个“新兵”，若干年后，一些职场“新兵”变成了“老兵”，还有一些人却成了职场上的“将军”。差距为什么这么大呢？

多年前，我们在上学的时候就读过很多科学家的故事：苹果从树上掉下来砸到了牛顿的脑袋，小牛顿决心要弄清楚其中的原因，于是有了后来的万有引力定律和大科学家牛顿；爱迪生想让人们的夜晚更加光明，通过上万次的试验发明了电灯；莱特兄弟梦想着像鸟儿一样在天空中自由翱翔，经过数次死里逃生发明了飞机。可见，任何事情的成功都是建立在当初设定的梦想基础之上的，如果没有最初的目标，何来日后的结果？

职场也是如此，很多人对工作没有一个明确的目标，每天被动地做着

本职工作,根本就不知道终点在哪里;还有一些人从进入公司的第一天起,就梦想着有朝一日能够成为管理者,为了这个目标,他们工作有激情,久而久之就会取得不错的成绩。若干年后,这两种员工之间的差距就出来了。

找到工作只是事业的第一步,是一个开始,要想取得职场成功,我们必须以科学家的心态理性地对待工作,第一个也是最重要的职场注意事项:胸怀大志,要有理性的职业目标。

有人可能会奇怪:我也有目标啊,我想成为比尔·盖茨式的大老板。不错,“人往高处走,水往低处流”,每个人都有自己的愿望,都想取得成功,这些愿望是否能够实现,是否对人生产生积极影响并不好说,但经过深思熟虑的职业目标,是不同的,它对职业的影响不可低估。

吴宇森,著名导演,他是继李小龙、成龙之后,进入好莱坞的第三位华人明星,也是目前唯一一位在好莱坞星光大道留下印记的华人导演。很多人喜欢他拍的电影,却对他身后的故事了解很少。

吴宇森1946年出生于广州,三岁那年,他患上了背痈,医生劝他的父亲吴倬云说:“这个孩子没救了,不要再浪费金钱。”吴倬云并没有理会医生的劝告,变卖了家产,四处寻访名医,给儿子治病,最终找到了一个留学德国的西医,医好了吴宇森的“不治之症”。

有一段时间,吴宇森每天看晚场电影,回到家已接近午夜时分。父亲吴倬云是旧时的文人,不喜欢电影,曾经明白无误地告诉吴宇森,搞话剧可以,拍电影则绝对不行,因为电影是虚假的,而话剧才是真实的。

父母望子成龙,可是吴宇森却整日痴迷于电影。母亲每次发现吴宇森看电影晚归,都伤心欲绝,悲愤地拿起藤条狠狠地打他,直把他打得跪到地上,紧接着便是长达五六个小时的罚跪。但即使如此,吴宇森也从没动摇过看电影的决心。父母无可奈何,只好寄希望于吴宇森长大后可以慢慢改变志向,干些比较稳当的行业。

有意思的是，母亲虽然反对吴宇森干电影这一行，但她本人却是个资深影迷，而且正是她把对电影的迷恋传染给儿子的。母亲欣赏《魂断蓝桥》里的主角费雯丽与罗伯特·泰勒，这也是吴宇森电影梦想中最早出现的两颗明星。

那时香港的戏院，堂座两毛，超等座四毛，楼上价钱贵一倍，但视觉享受和音响效果要好得多。吴宇森一般进了场就不拿自己当外人，径直跑上超等座去。然而，超等的享受是要付出代价的。吴宇森是穷孩子，没有钱，怎么办呢？吴宇森就像老鼠躲猫那样，总是躲着管理员。然而，不是每次都那么幸运地躲过，吴宇森就尝过被管理员一脚踢出电影院的滋味。

有一次，吴宇森一如往常地跑上超等座位，没想到楼梯才上了一半，就被管理员揪住。管理员一巴掌掴过来，吴宇森一失足，滚下楼梯去。那人又赶了过来，一脚把他踢出门口去。

1964 年，吴宇森认识了《中国学生周报》。当时有一群电影爱好者，比吴宇森大不了多少，却因为潜心钻研，电影知识非常丰富，他们经常将一些有关外国电影的文章翻译成中文，刊登在《中国学生周报》上，同时还会印一些讲义，教吴宇森这些小读者电影的理论。浸淫其中，吴宇森获益良多，对拍电影的兴趣愈来愈浓。和一群志同道合的伙伴一起，大家打工赚钱，存够了，就去买胶片，拍实验电影。这个习惯一直维持到大学，吴宇森成了一块拍电影的好材料。

吴宇森锲而不舍，凭借勤奋与执著，得到了大导演张彻的赏识。张彻的言传身教，使吴宇森迅速地成长。终于，在 1985 年，吴宇森拍出了为他赢得满堂喝彩的《英雄本色》。他以独特的“暴力美学”，开启了电影艺术的新类型。从那一刻起，吴宇森的名字开始受到世人的瞩目。

实践证明，有理性职业目标作为工作指引的人，有着明确的努力方向，因而在工作的方方面面表现都是积极的、突出的，无论是工作态度、面对困难的钻研、拼搏精神，还是承受压力的能力、人际关系的处理等各方面，表现都更积极，与没有目标的人完全不一样。

有了理性职业目标的人就有了价值判断的标尺,他们会去完成符合目标的事情,就算遇到再大的困难,也要克服困难去完成;不符合目标的事情,再有诱惑力,他们也不会去做。如此一来,这样的人在工作中就不会患得患失,迷失自我。例如,很多人对工作提不起兴趣,感到工作太累,这些现象都是没有职业目标的具体表现。

身在职场,最重要的事不在于你在哪家公司,目前处于一个什么位置,而在你朝着什么方向走。一个理性的目标就如同黑暗里的一盏明灯,让你在工作中清楚地辨明了自己努力的方向,给人战胜困难的勇气和前进的力量。

胸怀大志的人永远比没有远大理想的"可怜虫",有着更多的成功机会。所以,在职场,有理性的奋斗目标和没有目标的人是有本质区别的。职场成功,理性的职业目标是重要的灯塔与标尺,是成功的第一要素。

2. 以企业为家,替自己打拼

企业和员工是一个利益共同体。企业的发展源于每个员工的劳动和创造,员工实现自我价值的过程,就是企业蓬勃发展的过程,二者相辅相成、相互推动,共同发展,正如"大河涨水小河满"和"不积小流无以成江河"一样,是一个问题的两个方面。

一名优秀的员工心中必须清楚:企业是施展个人才华、实现个人价值的舞台,这个舞台越宽广,环境越宽松,个人的价值体现就越充分;如果失去这个大舞台,自我价值的实现便成为空谈。因此,以企业为家,为企业奋斗就是替自己打拼。

以企业为家,就是要树立正确的价值观,培养自己对企业的情感,将个人价值的实现与企业的生存、发展统一起来,将个人的价值取向与企业的价值取向统一起来，以对家、对亲人的忠诚眷恋，以不达目的誓不罢休的创业激情，创造性地做好自己的本职工作。企业的持续发展就会带动个人的茁壮成长，企业也会给个人带来丰厚的回报。

2009 年 2 月，上海市公布《持有〈上海市居住证〉人员申办本市常住户口试行办法》规定，凡"在本市作出重大贡献并获得相应奖励，可不受持证及参保年限的限制，优先申办本市常住户口"。上海推出居住证转户籍新政后，首批获益者产生，多名在沪务工的优秀农民工获得了上海户籍。李影就是其中的一个。

李影是江苏人，只有初中文化程度，10 年前来到上海，做过促销员、餐厅服务员。2005 年，24 岁的李影走上了上海市龙潭小区公厕管理员的岗位。

管理厕所，对于一个正当妙龄的爱美小姑娘来说，确实是一个挑战。当初，公厕门口连接着一条泥泞的小路，门前的空地上杂草丛生，来上厕所的人时不时都会抱怨几声。看到一个小姑娘清扫公厕，很多居民投来怀疑的目光。

李影并没有退缩，她下定决心，要把大家眼里最不干净的场所，变为社区里最美的地方。地面不干净，李影琢磨出一套"跟踪式"保洁法：每来一位顾客，就进行一次打扫。几个月下来，她的双手满是老茧。异味消不掉，她就和马桶较上了劲，冲、擦不行，就用热水烫、用洁厕净洗，后来索性打开下水管道，仔细冲洗干净，异味终于彻底消除。

李影还自掏腰包，买来洗手液、烟灰缸、医药箱、阅报栏、大鱼缸。为了方便残疾人走路，她还在公厕门前的小路上铺上水泥，装上扶手。厕所前的空地也被她划分为两块，一边种上各类花卉植物，另一边供人停放自行车、助动车。居民们欣喜地发现，摆满盆景花草的公厕里清香阵阵、绿意盎然，完全变了模样。

公厕管理员、月薪 2000 元，这个在常人看来毫不起眼的岗位，李影却干得有滋有味。她说："工作虽然平凡，但不能因为平凡而小看自己、小看这份工作。居民认可，我最快乐！"

为了方便工作，李影还将家安在了公厕楼上。正是有了这份“把工作岗位当作自己的家”的动力，她也在工作中做出了不平凡的成绩。公司在发展新党员时，第一次向外来农民工伸出了橄榄枝。2008 年年底，公司还成立了以李影名字命名的公厕班组。为了让班组管理的 14 个公厕都能整洁如一，班长李影每天骑着自行车巡查。每次巡查时，李影只要发现地面上有脚印、玻璃上有灰尘，她也不去争辩，而是自己动手拖地擦窗。

2007 年，李影被评为“全国服务明星”、2008 年成为“全国首批优秀农民工”、2009 年还获得了全国“五一”劳动奖章。

当上海推出居住证转户籍新政后，李影顺利地办理了自己和女儿的落户手续。拿到上海户口簿的那一刻，她喜极而泣，如果没有将公司当家，她也不可能在人才济济的上海安家。

在绝大部分员工的眼中，企业是老板的，企业是老板的家，不可能成为员工的家。这是错误的理解。企业和员工的利益是一致的，当你明白了这个道理，努力工作，兢兢业业地付出，从企业得到回报，十年、二十年后，你还在为这个企业而奋斗，回过头来看看自己的工作历程，你会发现企业已经成了你事实上的第二个家，你的事业、你的家庭、你个人的成长，都与你所在的企业紧密地联系在了一起。

优秀农民工李影就是一个很好的佐证。一个没有文化的、社会最底层的厕所管理员，在她走上这一工作岗位时，又怎么敢想着有一天能在上海这个大都市落脚，她唯一想到的就是做好本职工作，以企业为家，以岗位为家，全心全意为大众服务，正是在这种心态的驱使下，她努力付出，在为大家带来快乐的同时，上海也给了她一个真正的家。这难道还不足以说明“以企业为家，替自己打拼”的道理吗？

企业的生命是人赋予的，企业的情感也是人赋予的，当你对企业充满感情，企业就会变得人性化，当你为企业付出，企业就会给你回报，当你漠视企业的生命与感情的存在，企业也会将冷漠转嫁给你。你想为自己打拼，首先要以企业为家，有了家的感觉，你才能在企业找到归属感，才能安心做事业。

3.

快乐工作，才能真心投入

工作是人生的一部分，快乐的人生必须以快乐的工作为基础。俄国文学家高尔基曾经说过："工作快乐，人生便是天堂；工作痛苦，人生便是地狱。"在现实生活中，我们在选择什么样的工作时可能身不由己或者为生活所迫，这并不影响工作的快乐程度，工作的快乐与否，是心态的使然。

"三百六十行，行行出状元"。行行都有杰出者，说明世界上没有不好的工作，关键在于我们怎么去平衡对工作产生不满的心态。如果当你遇到挫折时乐观些，受到挑战时积极些，面对利益时洒脱些，感到委屈时大度些，你会发现与老板、同事相处是一种缘分，与顾客、生意伙伴见面是一种乐趣。如果环境迫使你不得不做一些令人乏味的工作，你应该想方设法让工作充满乐趣，用这种积极的态度投入工作，无论做什么，你都很容易取得良好的效果。

没有什么比厌恶自己的工作更愚蠢，痛苦地工作将阻碍你前进的步伐。人的成长和社会经验的获取，都是需要通过工作来完成的。你对工作投入的热情越多，决心越大，工作效率就越高。当你满怀热情时，工作就不再是一件苦差事，它就变成一种乐趣，就会有许多人愿意聘请你来做你所喜欢的事。

阿里巴巴集团一直倡导"Work with fun"的氛围，即"快乐工作"。阿里巴巴提出，越是艰苦工作，越要用快乐的心情去面对。

阿里巴巴的办公环境，可以说是五彩缤纷，主色调是橙色，因为这是温暖而快乐的颜色，精彩纷"橙"是阿里巴巴人的文化符号。整个阿里巴巴没有空白墙，都被员工设计成了各种颜色的"文化墙"，卫生间也是如此。

阿里巴巴有10多个“派”，所谓“派”指的是阿里巴巴的员工俱乐部，如足球派、宠物派等。在这些“派系”中，员工们各显神通，在内网上发展会员、组织活动。活动的照片，就在各种文化墙上展示。其中，集团旗下的淘宝公司还在员工休息处搞了个醒目的“淘宝武林帮派积分榜”，你追我赶，非常热闹。就是卫生间，女卫生间叫作“听雨轩”，男卫生间叫作“观瀑亭”，每个蹲位还被开发成广告位，由专门部门管理，所有“帮派”可以在这里发通告，因为这里是所有人都要去的地方，人流量最大。

在淘宝公司的进门处，有个“淘宝小店”，卖的是带有淘宝小蚂蚁标记的各种商品，钥匙扣、雨伞、玩偶，应有尽有，员工能以员工价购买。这些小东西，也是受员工追捧的奖品。每年的年会上，阿里巴巴还会为工作满5年的员工颁奖，奖品是一枚刻有公司标记和员工名字的白金戒指。这些小细节花费不多，但公司却给员工带来了不少的快乐和成就感。

阿里巴巴CEO马云认为，工作的目的包括一份满意的薪水、快乐的工作和一个好的工作环境。其中最重要的就是在企业中能快乐工作。马云曾不止一次地强调，阿里巴巴最大的财富就是阿里巴巴人，让员工快乐工作是好雇主应该做的事情，总之一定要让员工“爽”。

阿里巴巴为什么要花这么大的心思取悦员工呢？无非是想让员工明白快乐工作的重要性。

现在社会竞争越来越激烈，人们压力也就越来越大，快乐却越来越少，工作中消极的工作态度、错综复杂的人际关系，都会让人们产生烦躁、郁闷、焦虑、挫败等负面情绪，而这种情绪又会严重地影响工作，最终企业和个人都得不偿失。

有些具有远见的企业，如阿里巴巴等，为了解决这一问题，让员工安心工作，会主动给员工创造快乐的环境，更多的企业只能任员工随之流之，最后员工越来越不开心，以辞职而告终。如果员工自己不能从心理上调整自己，即使换一万份工作，也不会有所改观。

不管你是否喜欢现在的工作，都应试着先胜任目前的工作，胜任工作的基本出发点就是真心地投入工作。从自己胜任工作后的那一刻起，你会发现自己已经从平庸卑微的境况中解脱出来了，不再有劳碌辛苦的感觉，厌恶的感觉也自然会烟消云散。

接下来，你可以将个人兴趣和自己的工作结合起来，或者寻找工作中感兴趣的事，你会感到整个身体充满活力，即使你在睡眠时间不到平时的一半、工作量增加两三倍的情况下，也不会觉得疲劳，当你每完成一件事情，每接受一个新的挑战，心中都会洋溢着兴奋。

恭喜你，你找到了快乐工作的秘诀！

真心投入产生工作的快感，工作的快感促进你更加积极的工作，这是一个相辅相成的过程。这一过程无须人们挖空心思地去论证，只需要作一个理性对比：每天愁眉苦脸，讨厌手中所做的工作，视工作为惩罚，于是人生就是一场漫长难熬的苦役；每天欢欢喜喜，热爱所做的一切，视工作为享受，于是生命就像一支悠扬而动听的歌谣。

选择吧，是选择前者，还是选择后者？相信大家都会选择快乐工作吧！

快乐工作是一种于己于人于公司都有益的职业态度，是一种高效的工作状态，更是一种通往成功的捷径与方法。想想吧，一个人总不能无所事事地终老一生，与其痛苦地工作，碌碌无为，不如乐在其中，真心热爱自己所从事的工作。

4. 爱岗敬业，责任重于泰山

科学研究是一个探究真理的过程，是一种孤独痛苦的经历，说研究的过程很快乐，是不现实的。但是，每一个真正的科学家都有一颗责任心，一颗对社会、对自然、对事业负责的责任心。这样的责任心，才是真正支撑他们科学研究的动力源泉，让他们在漫长而又痛苦的科研过程中，取得一次又一次的巨大成就。

每个人都想有一份成功的事业，这需要付出实际行动，大科学家爱因斯坦说："对一个人来说，所期望的不是别的，而仅仅是他能全力以赴地献身于一种美好的事业。"全力以赴地献身于自己的事业是对责任的最好诠释，爱岗敬业则是献身事业的最基本要求。

在现实工作中，很多员工最被人诟病的就是缺乏责任心，他们通常愿意对那些运行良好的事情负责，却不愿对那些出了偏差的事情负责。员工在工作中出现问题时，总是寻找各种理由来为自己开脱。员工缺乏责任心的真正原因是他们没有将心用在工作上，没有将精力投入工作之中，没有真正做到爱岗敬业。

爱岗敬业是责任心的具体体现。提倡爱岗敬业，热爱本职工作，并不是要求员工终身只能干一行，只爱一个企业，而是要求员工选定一行就应爱一行，忠于自己当下的本职工作，做好手中的事。

汪菊明，江苏省如东县第四人民医院精神科护士长。1991年，不到20岁的汪菊明从护校毕业，被分配到一家医院当了护士。那年头，成为一名白衣天使是很多女孩的美丽梦想，汪菊明和家人都满心欢喜。可高兴劲儿还没一个星期，她就接到通知：调往精神病医院。家人及朋友都极力反对，但汪菊明没有丝毫的犹豫，欣然服从了组织上的调配。

转眼间20年过去了，同期分配来的护理人员先后都以种种理由调离了这家医院，只有她，一直坚守在这个岗位。一个女孩和精神病人打交道，这种坚守，谈何容易？

汪菊明每天置身于"被颠倒的世界里"，面对的总是喜怒无常的面孔、突如其来的喊叫和狂乱无度的喧嚣。她神经时刻都紧绷着，所有异常的声响都可能是危险的信号，她必须以最快的速度冲在前面，边跑边掏钥匙、备保护带、查看物品，然后麻利地打针、喂药、鼻饲、擦澡、心理疏导……

日子就这样一天又一天、一年又一年地过去了，一转眼过去了7000多个日日夜夜。她挨过病人多少打，她受过病人多少累，即使在她身怀六甲的时候，还有病人毫无征兆地撞到了她的肚子上！在20年的历练过程中，发生在她身上的感人事迹不胜枚举。

有一年，医院来了一位陈姓患者，她的大女儿患恶性肿瘤去世，二女儿患抑郁症自杀身亡，精神遭受刺激的她也因此被送进了精神病院。一天中午，患者猛然站起欲以头撞墙，矮患者近10厘米的汪菊明迅速上前一步，奋力从后面抱住了陈某，陈某倒在了她的身上，她却因此摔伤了胳膊。事后，汪菊明依然笑着说："我们的职业本能就是要保护病人的安全，如果病人受伤了，我安然无恙，我会觉得特别愧疚。况且患者的遭遇是如此悲惨，我们应该给予理解和同情。"

就这样，面对思维紊乱的病人，汪菊明用真诚和爱心，用女性的细腻、母亲般的慈爱为他们破解错乱的神经密码，打开患者错位的心灵锈锁，让他们健全生命、回归健康，诠释着对精神卫生事业的理解与忠诚。

1997年，汪菊明被聘为精神科护士长。对这一岗位，她有着自己的理解：科室爱管闲事的婆婆、多方面的协调者、执行规章制度和操作规程的领头人。从此，她更加严格地要求自己，在家里的时间少得可怜，大部分时间都扑在科室里，以自己的言行影响和带动着其他同事。她制定完善各项的制度和操作规程、开展科室护理技术交流、护理病历书写质量把关、组织业务学习、病员心理疏导、协调与各科之间的关系，忙得不亦乐乎，在科室常常一待就是10多个小时。

2008年，汪菊明担任了医院总护士长。面对新的角色，她自感肩上责任的重大。经过认真思考，她决定从提高整体护理质量着手加强综合管理，除了组织护理人员业务学习、操作训练、理论考核外，还定期加强爱岗敬业教育和一些警示教育，提高大家的职业责任感和安全意识，防范护理差错事故的发生。她经常深入病房向病员及家属了解住院期间对护理服务是否满意、食堂伙食如何、在服务流程上还有哪些要求，将了解结果反馈给相关的人员或部门，及时落实整改，将医患纠纷的隐患消灭在萌芽状态，受到了患者的广泛尊重。

作为精神护理的典型，汪菊明获得了多项荣誉，完全可以到更好的医院去工作，可是她始终放不下这个朝夕相处多年的群体，没有一丝自满和骄傲，而是十分谦虚和淡定。她认为，再多的荣誉对自己只是一种激励和鞭策，是领导同事们的信任。在同事的眼里，她仍然是兢兢业业的护士长，学习培训、质量管理一丝不苟，仍然是大家熟悉的普通的护理人员。只要有时间，她就在病房帮助精神病患者理发、洗头、灭虱、洗澡、更衣、处理经期卫生。

与精神病人打交道已经20年了，当有人问起汪菊明这么多年的感悟时，她说："我无悔于当年的选择，正是这20年，提升了我的精神世界，让我在尊重病人，珍爱生命的同时，实现了自己人生的最大价值。"

天使如歌，汪菊明20年的坚守，视病人如亲人、视形象为角色、视荣誉为动力的付出，是对爱岗敬业最有力的证明。从她的身上，我们看到了平凡与伟大。爱岗敬业是平凡的奉献精神，因为它是每个人都可以做到的，而且是每个人都应该具备的；爱岗敬业又是伟大的奉献精神，因为伟大出自平凡，没有平凡的爱岗敬业，就没有伟大的奉献。

现实生活中能够找到理想职业人必定是少数，对于大多数人来说，必须面对现实，去从事社会所需要、而自己内心不太愿意干的工作。如果只从兴趣出发，见异思迁，"干一行，厌一行"，不但自己的聪明才智得不到充分的发挥，甚至会给企业带来损失。可以断定，不具有爱岗敬业的精神、没有责任心的员工，是不会受到企业的重视，更不会取得事业上的成功。

每份职业和工作岗位，都是一个员工赖以生存和发展的基础保障。爱岗敬业不仅是员工生存和发展的需要，也是企业和社会存在和发展的需要。无论你是心甘情愿的，还是不得已而为之的，只要是在自己既得的工作岗位上认真负责，尽心尽力，遵守职业道德，这就是一种责任。只有明白了这种责任，不逃避责任，你才能实现人生最大的价值。

5. 心智成熟，善于控制情绪

在工作难求的今天，企业对员工的要求越来越高。据媒体报道，富士康在大陆工厂接二连三地发生员工跳楼自杀事件后，在征聘员工时，该企业开始要求应聘者接受专业心理咨询师面谈，以了解其心智是否成熟健康，从而决定是否被录用。

我们往往以“成年人”来定义一个人心智是否成熟的标志，可是企业员工都是成年人，显然，这一标准是有明显错误的。那么，一个人心智成熟的表现是什么呢？美国临床心理学家约翰·辛德勒提出了成熟的人具备以下七大品质：

1. 有很强的责任心和独立性（自主性）；
2. 多付出少索取；
3. 不以自我为中心，不争强好胜，学会合作，有团队合作精神；
4. 认识并接受社会对性的约束，将性看作是美满幸福婚姻的一部分；
5. 认识到敌意、愤怒、仇恨、残忍和好斗都是软弱，温柔、善良的人才是强者；
6. 有能力区分现实和幻想；
7. 灵活变通，面对无常命运。

针对工作而言，我们可以从以上 7 点作出归纳：心智成熟的就是要正确地认识自我，用积极的心态对待工作，善于控制自己的情绪。

人的心态跟情绪是紧密相连的，当你在工作中自卑时，就会产生“你行他行我不行”的想法，情绪就会变得极其低落，做事效率随之下降；当你在工作中自负时，就会产生“你不行他不行就我行”的想法，洋洋得意、飞扬跋扈的表情就会写在你的脸上；当你在工作中愤怒时，就会产生“你怎么行他怎么行我怎么行”的想法，一时间失去理智的大脑就变得愚不可及，往往会造成追悔莫及的不良后果。

程女士在一家外企当文员，她时常对工作中的一些事情感到很苦恼，甚至暴躁不安。

上班路上，一件件事情就开始在程女士的脑子里跳来跳去：会议安排、策划方案、联络客户、处理邮件、联络媒体等，事情太多了。她三步并作两步走，进办公室匆匆打开电脑，茶都来不及倒，就开始忙碌起来，刚准备回复邮件，可是马上想起来有个客户需要尽快联络确定时间，还有议程需要修改，再重新影印分发，然后联系媒体确认到会人数。程女士恨不得自己变成三头六臂，工作超人。

这时，程女士正在为自己手头上的事忙得焦头烂额，业务部的小刘走过来对她说："小程，你帮我把这份资料发一下吧，我突然有个紧急会议要开。"

"哎呀，烦不烦啊，我自己的事情还忙不过来，你又来烦我，没空没空。"

听了程女士的反应，小刘气鼓鼓地走开了。看到小刘的离去，程女士突然觉得自己说错了，但是已经来不及了，心情更糟糕了。

下午，外包公司美工小蒋来公司要广告文字资料，程女士的头"嗡"地一下就大了："我不是传给你三遍了吗？你不是已经收下来了吗？"

"没有啊，我这里显示发送失败啊！究竟是你没传，还是我没收？你说清楚！"小蒋语气咄咄逼人。

程女士本来心情就不好，一气之下，火一下子就蹿上来了："你冲我喊什么，有本事你自己写文字去。什么态度啊！"

小蒋跟程女士的公司只是合作关系，哪里受得了这气，一拍桌子，怒火中烧，于是，一场办公室大战开始了……

不成熟的心智就会产生不良的情绪，不良的情绪就会作出不理智的行动，不理智的行动会导致不好的后果。因此，一个人心智的成熟与否，关键在于你是否善于掌握自己的情绪。

人有喜、怒、忧、思、悲、恐、惊等情绪，这些情绪大部分为不良情绪，要想控制自己的情绪，首先要了解不良情绪的根源。工作中不良情绪大多来自于这几个方面：不满现状，不喜欢自己的工作；和某些同事合不来，在原则问题上发生冲突；对上司的复杂心理等等。找到了根源，控制自己的情绪就相对容易了。现在教你几招，也许很管用。

第一招：情绪大转移

工作中常常会见到这样的人，平时脾气特别好，从来不生气，可是，一旦爆发，却如滔滔洪水，一发不可收拾，谁也劝不了。这就是负面情绪累积的结果。所以，聪明的你不妨找点小窍门，及时转移你在工作中的不愉快。当你因工作而感到愤怒、委屈、焦虑、抑郁的时候，不妨迅速离开使你发怒的场合，最好再能和谈得来的朋友一起听听音乐、散散步，你会渐渐地平静下来，或者利用 QQ，对好友发发牢骚，下班约上三五好友倾诉一番，这样可以有效地将你的不良情绪转移出去或卸载。

第二招：调整心态

不良情绪带来不良后果，当你在动怒时，最好让理智先行一步，你可以自我暗示："别生气，这不值得发火""发火解决不了任何问题。"为了阻断负面情绪，你要学会调动理性中枢，情绪不好时，要及时换种思维思考事情："感觉没意思，才要找点有意思的事情做""工作没头绪，更要学会如何协调。"

第三招：给情绪一个"回收站"

你可以玩一个"弱智"的小游戏，制作一个情绪"回收站"，将你不喜欢的人，讨厌的工作，或者某个讨厌的领导，或者某个同事或客户，写下来，然后撕碎扔进垃圾桶内。除此之外，写写宣泄日记也是很好的办法，你不必理性分析，想到什么写什么，任由情绪自然发泄，相信写完之后一定会有不一样的感受。

第四招：培养自己的习惯

我们常说"脾气是惯出来的"，不错，当你第一次生气了，就会有第二次。工作中，你要时刻保持一个好的心情，微笑待人，欣然接受各种工作，高兴地去做工作，这样一段时间后你会发现，一切都变得令人满意。培养这种习惯，你必须要有远大的生活目标，不计较得失，从大局、从长远去考虑一切。

情绪是人对工作的一种正常心里反映，如果你是一个渴望成熟的人、一个正在成熟的人，那么，请你一定要理性地面对工作中的一切问题，只要善于控制自己的情绪，你才能踏上心智成熟之路。

6. 进取之心，为事业插上腾飞的翅膀

在严峻的就业压力下，找工作的难度越来越大，找个好工作难上加难，以至于有很多求职者有这样想法：以为自己一旦被某个企业录用，就“高枕无忧”了。而正因为心态上的“自满”，导致行动上的“迟缓”，所以我们时常会听到有人被“打道回府”的教训，令人惋惜。

企业招聘具有很强的针对性，企业所寻找的是那种有动力和热情、能够证明自己确实能为企业做出贡献的人。企业录用某个员工，一定是发现了这个员工具备为企业创造财富的潜力，而一旦员工不思进取“吃老本”时，遭遇的结果就可想而知了。

我们必须面对一个残酷的现实：如果你不能使公司受益，那你就走人。并不是企业无情，而是你不思进取。企业喜欢那些真正想干点事情的人。这些人往往能自觉地、积极地进行努力，并能不屈不挠地把思想付诸行动，影响和带动周围的人去工作。一个人如果进取心不足，在工作中抱应付态度，自然不会提出主动性建议，也不会去开拓工作的新局面。不能为企业创造利润，企业留你何用？可见，进取之心和我们每个人的职业生涯息息相关，影响我们的命运，决定我们的前途。

一个人的心胸有多大，舞台就有多大。当你的目光高远时，你就会时刻想着提高和进步，才可能在工作中充分挖掘自己的潜能，从而为事业插上腾飞的翅膀，实现人生的价值，充分享受人生的甘美。

2007 年末的一天，时任国务院总理的温家宝来到西飞国际航空部件总厂视察，在波音 737—700 垂尾前缘班，总理与在场的女工一一握手，夸她们手巧，是国家的人才。当厂领导向温总理介绍：这个班的质量控制方法被波音在全球推广。温总理很高兴，幽默地对班长薛莹说："那你是世界劳模嘛！"

这个被温总理称为"世界劳模"的薛莹是一个什么样的人物呢？

1992 年，19 岁的薛莹进入西飞集团，成为了一名普通工人。凭着吃苦耐劳的精神和不断上进的业务能力，她很快就成了厂里的技术骨干。

2000 年，27 岁的薛莹就任担任波音垂尾前缘班班长。这时，西飞集团公司与美国波音公司签订了合作生产波音 737—700 飞机垂直尾翼的合同。2000 年时，波音代表又提出飞机一个组件上的特殊工艺，即以前需要几个人的推力，现在必须由一个人的大拇指的推力完成。这个任务落在薛莹所在的班组。薛莹和班组成员从来都没有听说过这种技术，急得姐妹们直想哭。

哭归哭，工作还是要做的。此后，薛莹说和同事们几乎整天泡在车间里，一次一次试，一次一次改进技术。30 多架份的试制，40 多个昼夜的鏖战，最终赢得波音公司代表的一声"OK"。

最初，薛莹她们每个月只能做 3 架份垂尾前缘，为了提高产出效率。除了提高员工的劳动熟练程度外，更重要的优化生产组织管理和工艺规则的任务落在了班长薛莹肩上。经过不断的优化、改进，在设备、人力不变的情况下，装配一架垂尾前缘的周期一点点缩短，10 天，5 天，3 天，最后竟然每个工作日都能做 1 架份。

2004 年，波音公司授予"薛莹班"每位成员《用户满意员工》证书，并赠送特制礼品。至今，"薛莹班"干的活还是那 100 多个工序，但质量、技术的要求已越来越高了。

2008 年以来，西飞集团承接的转包生产项目和产量逐渐增多，为了确保整体生产进度，国航总厂决定从"薛莹班"抽调部分经验丰富的老师傅参加其他项目的新机研制工作，安排一批新进厂的青工补充空缺工位。为了尽快使这些青工成长起来能独当一面，薛莹采取了分工负责的“传帮带”办法，利用班前会和工闲时间，组织开展技术交流活动。她自己多次在经验交流会上给大家介绍经验，还手把手地教授同事技能技巧。薛莹先后带出的5个徒弟，现在都成为生产一线的骨干。班里先后有8名同事因工作突出被评为先进。

如今，在全球飞行的6000多架波音737系列飞机中，有2200架上装着西飞人制造的尾翼，薛莹和“薛莹班”的工友们创造了月产24架的纪录。由于出色的业绩和优异的表现，薛莹先荣获全国三八红旗手、全国“五一”劳动奖章、全国劳动模范等光荣称号。

“物竞天择，适者生存”，达尔文的名言不仅揭示了个体生存的必然规律，也表明了商业社会的伦理法则。薛莹的成功正好说明了这一点。她不努力就不可能当上班长，不积极改进技术就不可能获得波音公司的认可，公司更不会从波音公司那里获得大单。薛莹的努力为公司创造的利润，也证明了自己的价值，她是公司不可缺的一分子。这一切都源自于她有一颗上进的心。

作为一名新时代的员工，相信每个人都会在心目中勾勒未来事业的美景，关键在于你是否能真正付诸实践，你是否每天都在进步，如果你总是止步不前，又怎么能达到自己的目标？当你在工作中不断地上进，不停地制定新目标，提出新的要求，你会发现自己的技术越来越精了，处理问题的能力越来越强了，随着时间的推延，这种优势会越发明显地表现出来。这就证明你进步了，你离自己的梦想越来越近了。

每个人都有就业的压力，要想缓解外部的压力，首先你得常给自己施加压力机会，时刻保持着危机感，处于“充电”状态，当自己的能力提高了，成为企业重要的一员，你才能从外部压力中缓解过来。

在这个职场竞争日趋激烈的社会，我们必须坚定“命运掌握在自己的手中”这一信念，只有通过自己不停地努力，才能立于不败之地，不被企业所淘汰。

7.

感恩工作，从心开始

人的一生都处于各种恩泽之中。小的时候，父母对我们有养育之恩；上学后，老师对我们有教育之恩；工作之中，领导对我们有知遇之恩、同事对我们有帮助之恩。正是来自各方的恩情，助我们战胜了苦难，驶向了光明幸福的彼岸。

难道我们不应该对世间所有人所有事物给予自己的帮助表示感激，铭记在心吗？你能不心存感激吗？你能不思回报吗？感恩、报恩，是人生的责任。缺乏感恩、报恩之心的人，很难想象能够正常发展下去。

然而，在职场上，这种美好的感情并没有得以完全体现。当企业为他们提供平台时，老板给予他们工作的机会时，很多人仅仅将此视为纯粹的利益关系，认为工作是自己的事，想付出多少就付出多少，稍不如意就大骂企业和老板，碰到挫折就跳槽走人，毫无情义。

可能会有人说："我劳动，我付出了，企业给我工资是应该的，我不认为企业对我有恩。"谁给了你一个付出挣钱的机会？谁为你提供了一个成长发展的平台？都是企业给予你的，没有这个平台，没有手中的工作，你怎么养家糊口。社会就是这么现实，当你失去工作的同时，你就失去了固定的生活来源。这难道不是一种恩情吗？

事实上，有些恩泽是我们无法回报的，有些恩情更不是等量回报就能一笔还清的，没有哪个老板和企业会强迫哪位员工去感恩、报恩。感恩是一个人与生俱来的本性，是一个人不可磨灭的良知，也是一个合格员工的工作态度。对工作的感恩，就是要从心开始，认认真真地工作，兢兢业业地做事，要对得起给你恩惠的人和企业。

感恩工作实际是对自己前途的帮助。对员工而言，企业是员工的靠山，是员工的生存之本，现在你所做的每一件事情都是为你自己的将来搭桥铺路，在感恩工作，为企业工作的同时，企业也为员工提供了较为优厚的待遇和物质生活的保障，更为员工提供了自我发展的空间和实现自我价值的平台。在这个平台上，员工增长着阅历，丰富着自我，实现着人生的梦想。因此，为企业工作，也是为自己工作，员工应该感谢企业，感谢企业的培养，感谢企业给予的广阔天地。

2007 年 1 月 28 日，20 岁的维吾尔族姑娘阿斯木古丽·阿卜杜克热木在政府的帮助下从家乡疏附县来到了天津滨海新区，成为天津兰奇塑胶有限公司的一名操作工。

与古丽同到天津的还有同乡的一些女孩子，来到一个陌生的环境，思乡、孤独和困难难免会让这些外出务工的女孩子们落泪，古丽很坚强，她忍住眼泪，鼓励同乡的姐妹们说："我们都来自农村，家乡的条件比这里差远了，我们来的目的就是多学习技术，多挣钱，所以不能怕吃苦。我们是一个团体，一个人也不能少。"

第一次赴内地打工，古丽遇到的最大难题就是语言不通。因为不会汉语，她无法与技能培训班的师傅直接交流，听不懂动作指令要求和相关的生产术语，以至于操作流程常常被迫停顿下来，影响到生产效率和产品质量。

古丽很珍惜这次打工的机会，凭借着勤奋和一股韧劲，在短短 4 个月的时间里，这个维吾尔族姑娘就克服了语言关、技术关、生活关，不仅掌握了流利的汉语，还被提拔为车间组长。

古丽所在的小组共有 24 名员工，都是清一色的维吾尔族女工，她们的年龄大都在 18 岁到 22 岁之间，由于是第一次出远门，员工们都思乡心切、郁郁寡欢，工作也受到了影响。每当这时，古丽便把大家召集在一起做思想疏导工作，让大家明白出来打工的意义，让大家珍惜手中的工作，感恩工作，认真工作，她和大家一起聊天、跳舞、唱歌，并鼓励组员参加企业组织的文娱活动。慢慢地，员工们的思乡情绪淡了，自信的笑容多了，工作上心了，天性开朗的新疆姑娘成为公司一道美丽的风景。

一天晚上，公司新区的一个车间因电路问题引发火灾，给公司造成了一定的经济损失。面对被烧毁的车间，古丽默默地流下了眼泪。第二天，她带着19位新疆姑娘找到公司领导，提出要把一个月的工资捐献出来，以表达对公司的心意。

公司董事长对刚来才几个月的这些新疆姑娘们的举动深表惊讶，他问姑娘们为什么要这样做？古丽回答道："我们虽然才来3个多月，公司却给我们提供了很好的工作和生活条件，现在公司有了困难，作为员工，我们应当尽一份力！"

董事长深受感动，他真诚地说："大家的心意我领了，可工资不需要捐！我得到了无法用金钱来衡量的最宝贵的东西！"

由于工作出色，2008年7月，古丽被授予"全国先进农民工"称号。2011年，她被推荐到中国劳动关系大学学习。

在天津工作几年间，古丽共给家里寄去了约两万元钱，家里买了拖拉机、洗衣机、冰箱、电视机，弟弟妹妹上学也有了学费。对公司，她心中满是感激，她说："如果不从家乡走出来打工，我现在还在种地，可能都是两三个孩子的妈妈了；如果我打工的时候不积极学习汉语和技术，我未来可能也就是一直在打工，上不了大学。"

刚入职场时，我们就像一张"白纸"，是企业给了我们平台，教会了我们工作的技能，让我们拥有了卓越、辉煌的未来。如果不是企业为我们铺设一个平台，为我们的职业生涯的锻造提供一个良好的途径，作为庞大社会中的一个微不足道的个体，我们又怎能有机会尽情在舞台上施展自己的才华呢？又怎么能感到人生的意义呢？

心怀感恩不是以口头的方式一味地去歌颂，而是要为企业的发展壮大用心思考，用实际行动去为它添砖加瓦，做到用良心对待薪水。不要以为你所在的岗位平凡、普通，就不去努力，任何岗位上的员工都是企业的一分子，都是企业必不可少的一块"砖"。所以，我们现在所从事的工作，都值得我们去珍惜，同时要求我们以一种感恩的心态去认真履职尽责。

对每个人来说，工作就是生命的馈赠，也是一种天职，是使命，如果能够怀着一颗感恩之心去工作，去帮助别人，为别人创造价值，那么我们不仅能够感受到工作带给我们的价值和成就，还能够体会到工作带给我们内在的幸福与和谐。

8.空杯心态,突破职场中的"瓶颈"

婚姻有"七年之痒"一说,职场也存在周期性的倦怠,就是我们常说的"瓶颈期"。对于不少职场人士来说,通常在经历了职业起步探索期、适应上升期的激情之后,或许忽然有一天会发现自己陷入了职业发展的瓶颈中:工作热情没了,遇到难题抵抗力降低了,工作目标不清晰或没有规划,加薪遥遥无期,工作越来越重复,日复一日的原地踏步让人看不到任何希望。

处于职业"瓶颈期"的上班族最为尴尬,前有老员工取得的业绩压力,后有新人的拼劲和好学,夹在中间本就不好受。有调查显示,处于职场"瓶颈期"的人有80%会感到迷茫,少数人还会出现做事严重拖沓、很难与同事配合、与人唱反调、给别人找碴等行为,严重影响了工作的效率。

小敏大学是学营销的,毕业后先在一家培训公司做招生专员,在工作的过程中,她偶尔会涉及一点财务的工作。对财务小敏还是很感兴趣的,于是在工作中自学了一点财务知识,然后就跳槽到一家建材公司做了两年的会计。后来到了结婚的年龄,小敏又找了一个离家近的公司上班,依然是做财会。

新公司是一家大公司,小敏在这家公司没干多长时间,就对工作提不起兴趣了,她最讨厌周一,天天盼周五。小敏并不是财会专业毕业的,中途转到这个行业要学习的特别多,以前在小公司她的工作也不是很标准,到大公司后,她要熟悉业务还要改掉一些毛病来符合新的要求,压力挺大的。不巧朋友离职了,办公室里的同事不是冷漠就是挑剔,让她连个倾诉对象都没有。

小敏知道自己遭遇了职业"瓶颈",她说:"如果是刚上班的时候,我肯定会认真钻研,尽快地胜任工作,对于同事的眼光也可以忽略。但上班时间长了，变得畏首畏尾，接受新事物慢了，也越来越容易受周遭氛围的影响，以前的冲劲也磨没了。现在看来我的跳槽好像太冲动了，不知道该怎么办，开始不愿意上班。”

职业“瓶颈”现象是普遍存在着，对于职场人士来说，如果能够找到症结所在并进行突破，那么遇到的困难只是暂时的；若是无法找到提升的空间，那只会永远处于纠结的状态，从而导致自己今后的职场之路更加艰难。

当遇到职业“瓶颈”时，大部分人将跳槽作为突破口，是不能从根本上解决问题的，最关键的还是要改变心态，需要有一个空杯心态，通过充电、进行职业培训来增强自己的竞争力，进而找到事业的突破口。

工作的任务、工作的环境每天都有变化，每天的工作对于员工来说都是一个新原点，每一次工作都应从零开始，每个任务都应以一种崭新的心态去学习新东西并完成它。你想做得更好，不想被人超越，就得保持空杯心态。所谓空杯心态，最直接的含义就是一个装满水的杯子很难接纳新东西，就是要将心里的“杯子”倒空，从零开始，就像你步入职场的第一天那样，虚心地学习每一项东西。只有将心归零，你才能完成职业生涯的全面超越。

谢凯意是衡阳华菱钢管有限公司的首席专家，从 1987 年调入衡钢工作，20 多年来，他扎根衡钢，在技术创新的道路上艰难跋涉，从一名技术员到工程师，再到高级工程师，最后成长为公司首席专家，他是如何一步步超越自己，取得成功的呢？

谢凯意是学金属压力加工专业的，原先从事的是铝材制造，进入衡钢后，他很快遭遇到职业生涯的第一个“瓶颈”：领导派给他的工作是给员工制定钢管生产控制标准。专业不对口，技术知识不全面，怎么办？一切都得从“零”开始。谢凯意的压力很大，重压在身让他无暇多想，他一头扎进了成堆的资料当中，将自己当成一只“空杯”，在最短时间内吸纳、掌握国内外各类钢管生产标准。

很快，谢凯意便对各类产品的性能和工艺参数了如指掌，具备了独立负责起草产品标准的综合能力，从1987年到1999年，衡钢所有产品的标准几乎全部出自他手。自1993年起，谢凯意成为全国钢管标准委员会委员，他起草的《汽车半轴套管用无缝钢管》也由企业标准成为了行业标准。

2000年年初，衡钢成立技术中心，领导要求谢凯意参与产品研发。新的挑战来了，从"标准通"成为产品研发战线的一名新兵，谢凯意依旧怀着空杯之心，从头学习，参与衡钢油管加厚及热处理，套管螺纹加工等衡钢所有油气用管生产线的设计与建设，并成功破解了困扰国内无缝钢管行业的油套管螺纹粘扣等技术难题。他主持开发的油气用管"双高"产品从2005年的不足1万吨，提高到2009年的30万吨。

如今的谢凯意被誉为"衡钢油套管功臣第一人"，回忆起自己成长的每一步，谢凯意感慨万千，如果没有空杯之心，没有学习的精神，自己是不会有今天的成功。

没有一成不变的职场，我们常常会面临角色的转换和环境的改变，没有空杯之心，你就无法在职场中持续地学习，就可能会因为知识结构的老化而无法适应新的改变，面临淘汰的尴尬境地。为了避免这种情况的发生，有意识地进行充电提高自身职场竞争力，是突破职场"瓶颈"的一种有效手段。

空杯心态是一种积极主动的人生态度，需要时常保持着。在竞争如此激烈的职场，与其等激烈的竞争到了眼前时再被动空杯，不如早做准备，主动"倒空"自己，让自己无论在什么时候都能保持优势状态。如此一来，你的职业生涯就会少一些"瓶颈"，多一些坦途。

第二章　头脑灵活，以政治家的思维思考工作

每个杰出的政治家都有着过人的思维方式和认知能力，他们总是能够理性地面对自己所从事的职业和现实中出现的问题，选择一条适合自己的道路。对于职场人士而言，要想在竞争中胜出，有所发展，需要像政治家一样头脑灵活，具备谨慎的思维方式，独到的认识能力，果断的判断性格，做一名智慧型员工。

1. 不谋万世，不足以谋一时

每个杰出的政治家都有着过人的战略眼光，以毛泽东为例，他的战略眼光，穿透了历史，也穿透了未来。抛开战争年代他指挥打下的无数个胜仗不说，单看新中国成立后的决策，你会深深地感到：不谋万世者，不足以谋一时。

抗美援朝，打破帝国主义的军事封锁；优先发展重工业，为国计民生打下基础；发展核武器和航天事业，为强国作后盾；中苏论战，自力更生，艰苦奋斗，走自己的路；中美建交，中国从此走向世界……总之，毛泽东在每一个重大的抉择中，都表现出了超乎寻常的胆识和眼光，立足于现实，着眼于未来。

事实上，不仅每个杰出的政治家都有着这样战略性的思维，每个成功的企业家也具备同样的思维，蜚声国际时尚界的服装大师皮尔·卡丹就是这样的企业家。

今天的皮尔·卡丹已经90多岁了,一个上世纪初的老人凭什么能影响着国际时尚潮流呢?也许他老态,但并不龙钟,他满头银发,却依然浓密,他戴着眼镜,却阻挡不住眼睛的闪光,更重要的是,他思维依然敏捷,这就是他保持自己商业帝国地位的最重要原因。

回顾皮尔·卡丹的一生,你会发现,他总是比别人想得长远,也总是走在他人的前面,从他不到20岁起,他就做到了这一点,而且一直坚持到今天,所以才有了今天的辉煌。

1922年,皮尔·卡丹生于意大利的威尼斯近郊。第一次世界大战时,他们举家迁往法国。皮尔·卡丹自幼就非常向往巴黎,长大后,父母同意了他独自去巴黎发展。

在巴黎,皮尔·卡丹一开始并不顺利,连住处都找不到,只好四处流浪。由于他学过裁缝,最终在一家时装店应聘作了学徒。这家店卖的是男装,款式虽比女装少,但要求更高。皮尔·卡丹目光长远,不怕技术上的任何挑战,为他日后的辉煌打下坚实的基础。

接着,皮尔·卡丹转到另一家时装店从事设计。他除了殚精竭虑地为前来定做服装的明星设计服装外,还积极地结识一些作家和画家,他知道艺术都是相通的道理,他在艺术土壤肥沃的巴黎尽可能地扎下根,全面吸取最纯粹、最合理的营养。在这家时装店做出了应尽的贡献,他再次转到另一家时装店。在新环境中,皮尔·卡丹掌握到一种超人的本领,可以独立制作出既符合时尚,又高雅大方的时装。

1950年,皮尔·卡丹的人生出现了一次重大的转折。他克服种种困难,在巴黎里什庞斯街租赁了一间房子,开始独立创业,自此踏上他五彩斑斓、无与伦比的时尚之路。之前所学的东西终于派上了用场,在这间小房子里,他向人们首次展出了自己设计的戏剧服装和面具。

简陋的店铺丝毫不影响皮尔·卡丹设计出的服装,内行的人一眼就能看出,这是一些设计理念极其超前的精湛之作。皮尔·卡丹设计出来的服装大受欢迎。3年后，皮尔·卡丹乘胜出击，第一次推出自己的女装设计，竟然在时尚之都巴黎一举成名，以皮尔·卡丹名字开创的品牌自此名扬世界，并迅速成为世界顶级名牌。

皮尔·卡丹成名后，他独特的创造力和高明的经营眼光始终走在他人的前面。当时的巴黎时装店并不欢迎普通民众，消费时尚服饰的常客都是一些贵夫人和富家名媛，时尚还没有向大众开放。皮尔·卡丹没有亦步亦趋，他决心打破时尚界的壁垒，让大众看到时尚界的美好春天。

皮尔·卡丹认为，时装必须大众化，价格和设计都要以平民为出发点。于是，他很快颠覆了惯常的时装经营方式，把量体裁衣、个别定做，改成小批量地生产成衣。很多时装界人士都认为他疯了，他们判断如此标新立异的做法肯定走不远。但是，这一举动恰恰给了皮尔·卡丹的服装业带来无限的生命力，因为他设计制作的服装从此远离了俗套，而且不管是谁，只要喜欢他的服装，都可以穿戴，服装的阶层局限被打破了，皮尔·卡丹成了时装界的革命功臣。

接着，皮尔·卡丹有了更加“疯狂”的想法。这一次他将自己的主攻方向改为男式时装。按照法国的传统，一位出色的时装设计师，只应该缝制女性的服装。皮尔·卡丹认为，这是一个落后于时代的想法，他就是要做第一个吃螃蟹的人。独到的眼光，远见的卓识，最终让他获得了成功。

除了在男装上引领潮流，皮尔·卡丹还不断开拓商业帝国的疆域，经营范围囊括了男装、童装、手套、围巾、鞋帽、挎包，并且还有手表、眼镜、打火机和化妆品等；他不仅成为巴黎时尚界的领军人物，还在欧洲、美洲和日本取得许可证，逐步打开了国际市场。

后来，皮尔·卡丹将自己的商业帝国扩大到食品、饭店、银行等行业，都取得了成功。

在激烈的商业竞争中，当别人拿智慧当武器时，皮尔·卡丹却将思想做法宝，他的思维总是超前的，一个人的思想和行动力总是走在他人的前面，他人就很难赶上他了。这就是皮尔·卡丹成功的奥秘。

政治家之所以能左右一个国家的命运，因为他们的思维永远是超前的；企业家之所以能引领一个行业的潮流，因为他们的思维永远是超前的。同样的道理，一个员工要想做到优秀，也必须具备超前的思维，因为“不谋万世者，不足以谋一时”。

职场虽然不是战场，但也是危机四伏，我们必须以理性的思维对待自己的工作，眼光要长远，这样才能在职场上走得更远。

首先，要懂得摆正位置，安于本分，简单而枯燥的工作只是事物的外表，内涵则是长时间的训练，熟才可生巧，巧会让你显得与众不同，会给你带去机遇；其次，善于为他人排忧解难，不要成为上司眼中无关紧要的人，不要成为同事的眼中钉，更不要成为他人工作中的绊脚石，助人即是助己，有用之才才有机会成材；最后，要深谋全局，不要鼠目寸光，不要急功近利，更不要自私自利，懂得提升自己，让自己增值。

一个员工可能会受限于自己的工作能力，千万不要受限于自己的思维。职业的舞台是属于你的，你是舞者，你主宰着命运的航标，舞台的大小，由你决定，工作的好坏，全凭你的选择，当你站得高，你就看得远！

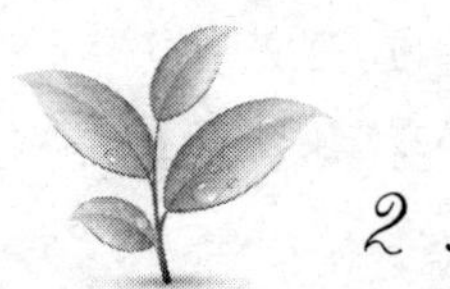

2. 经常反省，有助于提升对工作的认知能力

中国传统的教育观都强调“自省”。早在两千年前，孔子在提倡“仁”的观念时就曾强调人的内省能力，反省一直是儒家弟子的自我要求，人们一直强调通过反省来促进自身的发展。但是，随着社会的巨大变革，很多人不适应了，而且把工作中的责任推给了企业，推给了同事。例如，本来一件无可厚非的工作安排，或者一场小小的误会，就会引发同事间的一些

不愉快的事情，产生一些摩擦，甚至引起冲突。这时候，很少有人会主动地自我反省，给对方道歉，从而直接导致同事间的关系破裂。

不仅人际关系如此，而且在工作中遇到困难或挫折时，大多数员工都会为错误和困难找借口，从而忽视了自身的原因，影响了工作的进展，自身也留下了不好的习惯。这些不好的习惯严重影响了个人职业生涯的良性发展。

人不可能没有错误和缺点，一个人之所以能够不断地进步，在于他能够不断地自我反省，找到自己的缺点或者做得不好的地方，然后不断改正，以追求完美的态度去做事，从而取得一个又一个的成功。因此，每个人在做事的时候都要持有自我反省、自我修正的态度，不要让抱怨、自我等情绪蒙蔽了双眼，不能清楚地看清自己的本质。

自我反省，是提高工作自我认识能力的有效渠道。一个在工作中善于自我反省的人，往往能够发现自己的优点和缺点，并能够扬长避短，发挥自己的最大潜能；而一个不善于自我反省的人，则会一次又一次地犯同样的错误，不能很好地发挥自己的能力。

在自我反省的示范方面，周恩来总理起到了很好的表率作用。

1972年2月，美国时任总统尼克松访华。一天，尼克松一行参观明十三陵，在零摄氏度左右的严寒下，很多身着彩衣的小朋友三三两两或打羽毛球、或跳绳、或听收音机，随行的美国记者一眼就看出这些孩子是中方有意安排的，于是就此作了报道，说中国人“演了一场戏给我们看”。

第二天，周总理从《参考消息》上转载的外电消息得知了这件事，立即批评了有关部门。他在同尼克松会谈时还专门说到了这件事，作了自我反省：“我今天代表我们的人民向你们道歉，弄虚作假，实在岂有此理。我已经对他们作了严厉的批评，不许他们这么干。因为这样做是不对的，不讲究实际嘛！”当时尼克松听了十分感动，说不管下面人怎么做，但中国的总理还是讲求实际的。

还有一次会谈时，周总理特别点到尼克松的一位秘书年轻能干、工作细致。他说：“我们的领导人中，老年人太多了。在这一点上,我们要向你们学习。”

1961 年 7 月的一天,周总理和陈毅在上海冒着酷暑来到著名电影表演艺术家白杨家做客,同时还约见了在沪的部分电影界著名人士。在亲切随和的气氛中,有人向周总理恳求道:“总理,您给我们写一本书吧!”

周总理笑了笑,没有立即作答。有人便说道:“总理太忙了,没有时间写。”此时,周总理说话了:“如果我写书,就专写我一生中的错误。这可不是卢梭的《忏悔录》,而是要让活着的人们都能从过去错误中吸取教训。”

人贵在有自知之明,当你静心反省自己,才明白自己很多时候是多么让人难以容忍。明白了自己的错误,才会试图改变自己,才能为职场发展扫除障碍。

当然,有些员工也会在工作中进行自我反省,不同的是他们反省会产生两种奇怪的结果:一是自负,尤其是已经小有成就的人常犯此病,通过思索自己的工作、自己的人生,他们认为自己做得已经很不错了;二是自卑,另外一些人一想到自己年过 30 或将不惑,相比丁磊 26 岁创办网易、张朝阳 28 岁创办搜狐、李彦宏 31 岁创办百度,已注定无缘“风云人物”之列,越反省,越觉得自己行将就木。

这是两个误区,反省的目的应该是让自己更好,而不是变得更糟,反省不是单纯的对比,对比体现的是差异,我们要从差异中寻找问题,然后解决问题,即“见贤思齐焉,见不贤而自省也”,然后“择其善者而从之,其不善者而改之”。

我们要理性地自我反省,时时总结自己的收获和差距,防主观性、片面性,制定新的奋斗目标,这样才能改变自己的思考模式,增进人际关系,提高工作效率,让自己变得更好。

自我反省不能流于表面、敷衍了事,反省是自我批评,不是给别人看的,要发自内心,才能起到作用。工作岗位是平凡的,如果一个员工愿意把自己放在一个平凡的岗位上,联系工作实际,不断反省自己,找到更好的改变自己的方法,成功就一定会等着他。

任何工作、任何个人都不是完美的,为什么有的人能如鱼得水,有的人却寸步难行？所以还是应该从自身找原因。孔子强调“一日三省吾身”，这种态度和方法会有效地解决个人在工作中出现的问题是有很大帮助的。

3. 善于总结，从失败中提炼成功因子

有一次，记者问偶像巨星麦当娜：“你成功的秘诀是什么？”麦当娜的答案简洁而精辟：“我犯了许多错误，但也从中学到了许多。”这位超级明星的成功秘诀正好与中国的“失败是成功之母”一说吻合。

失败是每一个向优秀迈进的员工必须面对的问题，失败并不可怕，可怕的是当你失败后却极力去掩饰失败、把自己的失败的原因推到别人头上、对失败过于耿耿于怀，不能从失败中寻找积极的因素，下一站还是失败。

“失败是成功之母”并不是一句空话，需要当事人理性地对待失败，从失败中提炼成功的因子，养成从失败中学习的习惯。一个真正善于学习的人，不仅仅要学习正面的成功事例，还必须懂得从失败中学习。如果能够从失败中吸取教训，积累经验，就能转败为胜，由失败走向成功。

道明是一家外企的“超级员工”。他在工作岗位上创造了骄人的成绩：连续5年工作无丝毫误差，获得超过500位客户的极力称赞，并在公司中获得了同事与主管的一致认同。他的这些成绩不是凭空而来的，而是在经过了一系列的失败后，自己不断总结学习而最终成功的。

道明刚加入公司时，对公司的运作情况还不是很清楚，不过专业对口，且工作简单，道明认为自己一定能够胜任。然而，接下来的一系列挫折让他认识到，工作绝不是自己想象中的那么简单。

上班不到一个星期，道明就挨了经理的骂。原来，他交给部门经理的一张报表就出现了一个相当大的失误：在一项金融计算中，存在一个他没有使用过的计算公式，错用了这个计算公式让他的结果出现了很大的误差。经理让他重新做这张报表。

道明对工作中的第一次失误非常重视，他认识到自己的专业知识还有很多的欠缺。于是，他从这件小事入手，开始全面系统地重新学习了相关知识，并成为了这方面的专家。

在此后的工作中，道明又遇到了这样或那样的失误，不仅仅是专业知识上的问题，也有人际关系上、客户管理上的问题等等，每当失误后，他都会对自己的所作所为进行全面的总结，养成了从失败中学习的习惯：与客户面谈失败之后，他从中学习经验教训，最后成为一个与客户交流的高手；第一次开发新的客户，对方并不接受，总结这样的失败教训，他最后做到了一个人开发了分公司15%的客户。不断地失败，不断地学习，到后来，道明工作中的失败越来越少了，工作成绩却越来越大了。

你不可能胜任工作中的每一个岗位，不可能办好工作中的每一件事，所谓最终的成功，都是人在经历了失败的痛苦后取得的成就。这是每一个人的成长历程，这是一个不断尝试、历经磨炼，最终变得聪明起来的过程。

看看失败能够给我们提供多少有价值的东西：一些可贵的资料和信息；磨炼你的性格、挖掘你的潜力；使自己更容易获得帮助。这些都是书本上所不能学到的东西，这些知识是与工作的实践紧密相连的，都是些最宝贵的人生经验。

要想从失败中提炼成功的因子，首先你必须勇于面对失败。小时候上学时，我们都用过橡皮擦、涂改液，这些东西是做什么用的？就是让我们在不慎犯了错之后，有机会再重新来过。上学时，我们希望擦掉每一个错误，希望总结错误的原因，然后少犯错误。可是工作后，我们却总是想掩饰错误，为错误找借口宽容自己。我们为什么不能重拾上学时承担错误的勇气呢？

勇于承担错误是成功的前提之一，即使所犯的错误微不足道，但逃避的心态也不仅让你心力交瘁，而且你永远不可能从错误中学习经验，获得成长。更可怕的是，一旦你的错误继续下去，或者你所掩饰的错误结果被人知晓，可能就会成为你获得成功的障碍。

俗话说：吃一堑长一智。人生难免要碰钉子，碰一回钉子，长一分见识，增一分阅历。做的事越多，碰的钉子越多，没有碰过钉子的人，必然是没有做过事的人。不同的是，聪明人能因别人碰钉子而增见识长阅历；糊涂人虽碰钉子，还不知是钉子，依然左碰右撞，最终弄得自己体无完肤，才知道钉子的厉害。

工作中的失败本身就是一件令人沮丧的事，如果你因失败放弃了一些积极的行动，你真的就失败了。动动脑子，想想问题：我为什么失败了？别人怎么就成功了？这件事错在哪里？我下次该如何避免？面对失败要有一个清晰的思路：承认失败——请求原谅——重新整理——进行分析——下次避免。如果你养成从失败中学习的习惯，你的每一次失败也许会是下一次成功的开始。

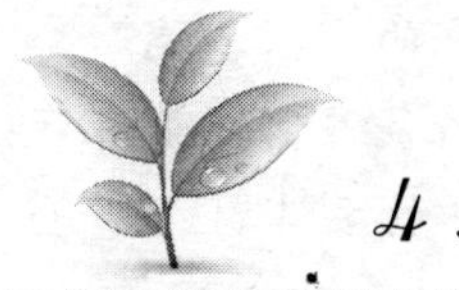

4. 大巧若拙，职场大智慧

现代社会竞争无处不在，为了生存和发展，人是变得越来越精明了，谁又比谁傻到哪里去？然而很多人总是愿意去花费精力辨别谁是聪明人、谁是傻瓜。殊不知，有时候“傻”才是人生最大的智慧，没听说过“大巧若拙”“大智若愚”一说吗？

你见过具有大智慧者在众人面前炫耀自己的聪明才智吗？没有，他们是不会自作聪明地干一些实际上愚蠢至极的事情。真正的聪明者不需要通过投机取巧、明目张胆地来加以表现，在外人眼里他们有时甚至“傻到家了”。“傻”并不代表愚蠢和无知，一些平时看起来笨笨的人，可到了关键时候，这些人却是屹立不倒的，甚至于占尽优势。倒是那些公认的聪明人，在职场中的命运往往不会很好，凡事都精明，遇事不吃亏，到头来却处处受人压制，成为人们打击嫉妒的中心。

王女士毕业于名牌大学，一进公司就受到领导的重视，毫无新人的感觉。因为专业知识突出，总会人有向她请教，刚开始，王女士作为新人还会耐心地帮助同事，时间久了，王女士对同事就爱理不理了，她认为，自己完全可以拒绝不想做的“善举”，“有求”不是都能够“必应”的，每个人都有自己的职责所在，做不好你就应该自己走人。于是，同事关系也就显得有些微妙。

有一次，老板休假，把一个大客户的尾款催讨工作交给了一个平时比较笨的同事，同事没有问清楚就答应了下来。可是，客户非常强势，不仅拒绝马上付款，还指出公司的产品有这样那样的缺陷，并提出了补偿措施和优惠条件。同事傻眼了，一时不知道怎么办。

这时，王女士认为自己有能力完成这项工作，为了博得老板的好感，尽快拿到钱，她竟然自作主张地应承了客户的要求。老板休假回来后，王女士把钱拿到了，可是还有大批的条件需要满足客户。为了公司诚信，老板只好一一满足了客户的要求。事情处理完后，老板找来了王女士指责了一番，批评她自作主张，给公司造成了很大的经济损失。

受到批评后，王女士很困惑，认为自己很能干，敢于拿主意，能担责任，把难搞的客户都搞定了，虽然公司有些损失，那也不能怪她。最后，王女士辞职了。

在职场中，聪明和傻都是相对而言的，每个人看待问题的标准不同。在职场中公认的聪明人，只是聪明浮于表面，让大家都看出来而已。让所有人都见识自己的聪明，在职场上并没有太大的好处。因为对老板而言，聪明不代表有能力，有时你过于聪明会让管理者心存戒备。对同事而言，聪明代表着压力。当你把一个有害无利的东西表达出来，只会给自己带来麻烦，这一表现除了能满足自己的虚荣心之外，毫无用处。

而平时的笨人却不同，他们在做事的时候不冒进，不贪功，首先考虑的是安全。所以他们在做事时第一任务是藏好自己的缺陷，不让缺点暴露，即使事情做不好，也不会坏在自己的手中。但在真正有巨大利益的事情出现时，聪明人和笨人却又有截然相反的表现。平时看起来很聪明的人，在做大事时，依旧不知道收敛，一个劲地往前冲，根本就不管自己做得了做不了。到最后，他们事情是做成不少，可缺点暴露得更多。那些职场"傻子"往往能缓慢但稳定地升迁，在任何危险时分都能安全度过。因为这一类人，通常是在无利可图的时候蛰伏，最好隐藏的令人感觉不到有自己的存在，当有利可图时，则很早就谋篇布局，先给自己占好地盘，立于不败之地。

职场不是秀场，你在走秀场时，可以恣意展现自我，把所有的优点都展现出来。职场上你不妨把自己想得拙笨一些。这世界变化太快，你不要怕自己赶不上变化的节拍，因为总有些东西是不会变化的，你只能以不变应万变。有时你需要进取和创新，有时你却需要笨拙和胆小，它们能保证你不受意外伤害，而且能得到同事和上司的更多信任，因此，你的机会也就更多，这是一种做人做事的智慧。

当你把自己看得笨拙一些，你就可以有勇气承认自己的无知或胆小，因而可以明明白白地去学习，看到自己的不足；你把自己看得笨拙一些，你就能坦然处世，平静自省，不骄不躁，不会头脑发热地做傻事，遇事三思；你把自己看得笨拙一些，你就会脚踏实地，认认真真地做事，将获得更多的机会。

在职场中，如果你想和他人进行比较，那就别比聪明，更不要比高调，因为这都是有害无益的东西，不如看谁做的实事更多，谁的人缘更好，谁更受欢迎。一个真正聪明的人，一定是一个受欢迎的人。

5. 自我充电,别让你的大脑“生锈”

在一个高度信息化的社会里,在一个全球化的市场中,也许每过几秒钟便会有一种新的事物产生,每一个新事物的产生便连带着一种新的经验和运作方式。面对这些新的事物和新的经验,如果一个员工拒绝学习,那么他大脑很快就会“生锈”,便不可能适应崭新的社会与工作,随之而来的就是工作上的失败。

在现行的教育体制下,学校教育远远不能适应社会日新月异的发展变化,当我们参加工作后,每个行业都有很多东西是无法从学校中学到的,大到基本原理,小到每一个具体行为和技巧,都是需要从工作实践中去掌握的。即使你有高深的理论知识,过硬的操作能力,你能保证,你的知识永远不过时,你的能力永远能跟上企业的发展?就算你不想发展,企业还想发展,企业会引进新的技术,需要一批懂技术的人,当你面对新项目、新技术时,你所具备的能力早已落后了,企业肯定会淘汰你。

职场是一个讲实力的地方,有实力你就能为公司创造价值,就能稳固你在公司的地位;职场是一个不断变化的地方,只有你能跟上公司发展的步伐,才能不被公司所淘汰。这一切都需要员工不停地去学习,拒绝学习就是选择失败。

学习是主动的,千万不要等你的大脑已经“生锈”了,才想到学习。学习的动力源自于危机感,时刻保持着危机感,才能主动地去学习,将命运掌握在自己的手中。

杨澜的工作一直都很顺利,她 1990 年北京外国语学院毕业后就直接走进了中央电视台,担任《正大综艺》节目主持人,这个节目她从 1990 年一直做到 1994 年。在这个节目中,杨澜那种充满睿智清新的主持风格给观众留下了深刻的印象。

1994年，杨澜获得了中国第一届主持人"金话筒奖"。这对于一个刚刚参加工作的主持人来说，在这么短的时间内就取得如此骄人的成绩，实在是难能可贵，同行都向她投来了羡慕的眼光。然而，就在这个时候，她选择离开自己的工作岗位，去美国深造。

有一次，厦门大学邀请杨澜给学子开了一场精彩的讲座。当有人问她选择在事业的顶峰毅然去外国读书是不是一种心计时，杨澜讲了她所经历的一件事。

那一年中央电视台的春节晚会，定了6名主持人，多遍彩排之后，有一位主持的大姐，导演组突然决定不用其中的一名女主持了，但又没人去通知她。第二天，当女主持兴冲冲地拿着礼服来到化妆间时，化妆师告诉她名单上没有她的名字，结果那位女主持黯然神伤地走了。当时杨澜就坐在一旁，这件事对她的触动很大。她通过这个女主持所遭遇的"命运"，似乎看到了自己的未来。

杨澜觉得，那位女主持为台里做出了很大的贡献，也曾主持过很多重要的节目，导演的做法不近人情，那位女主持不适合做主持，可以通知她并做好她的安慰工作，然而这么深重的伤害仍然降临到了她的身上。杨澜怎么也想不通，她开始感到了世事无常，开始感到了来自生活的恐惧。经过好几个不眠之夜，她想："现在我正红时，人人都争着要我上栏目；如果有一天我走到才枯气竭的时候，我不是照样地任人挑来挑去难逃这样的命运吗？"于是，杨澜开始为自己躲避遭受那位女主持那样的伤害而积极地准备着一条退路。

放弃是一件很难选择的事，特别是杨澜正处在事业蒸蒸日上的时候，就算自己能说服自己，可是父母会同意吗？朋友会理解吗？这一系列的问题让她内心一度十分的矛盾和痛苦。经过一段时间的深思熟虑，杨澜终于下定了决心要急流勇退。因为她深深明白，人要更好地生存就得牢牢地站稳脚跟，不能沉迷在鲜花和掌声中，要不断地去寻找新的成长方向。于是，她毅然地在自己最红的时候选择了离开央视，去美国哥伦比亚大学国际及公共事务学院攻读国际事务硕士学位。

杨澜3年留学回来后，加盟香港凤凰卫视中文台，开创名人访谈类节目《杨澜工作室》，并担任制片人和主持人。2000年，杨澜创办了大中华区第一个以历史文化为主题的“阳光卫视”卫星频道，出任阳光媒体投资控股有限公司主席。2001年，杨澜应邀出任北京申办2008年奥运会的形象大使；同年7月，在莫斯科国际奥委会会议上代表北京做申奥的文化主题陈述，她的精彩表现赢得了全会专家的高度评价，为我国赢得2008年的奥运主办权立下了汗马功劳。

从杨澜后来的发展历程来看，她当初选择离开中央电视台去美国学习是明智之举，也正因为她勇敢地选择了放弃，及时为自己“充电”，苦练内功，才有了后来她发展的更大空间，才取得了现在骄人的成绩。

这是一个竞争激烈的时代，新的知识、新的经验、新的观念不断出现，对这些新事物的学习是避免失败的前提。没有新的经验，面对新的工作项目，你便没有直觉的感受，你会绕很大的圈子才能获得些微的成功，而更大的可能是，在你获得这些小小的成功之前，你便已经因为缺少经验又不愿学习而在工作中招致了失败；而没有新的观念，你面对新的形势时，便没有了思想上的准备；没有思想上的准备，你便不可能有创造性的行动。

在这个世界上，如果你不努力学习，适应社会，那么你将被社会所淘汰，被企业所辞退。不管你在职场上混迹了多少年，抑或刚入职场，只要你想在职场中走得更好、走得更远，必须用“淘汰自己”的精神去学习，不断地为自己“充电”，如果你某一天停止了学习，失去了激情，当你的大脑“生锈”的时候，你只能接受被淘汰的命运。

对于员工而言，学习的内容是非常广泛的，不仅仅局限于书本，最主要的是根据自己的发展需求，联系实际工作，以便学以致用。学习的知识只有有效地运用到生活和工作中去，才会发挥其效用，否则就是一些死的没有用的东西。因此，主动获取知识的学习过程，还要培养自己研究问题的能力，开拓自己的创造性思维，活学活用。

在这个社会中，唯一不变的就是变化，要想适应各种变化，跟上变化的速度，唯有不断地为自己“充电”，保持着职业生涯不断进取的“能量”，才有可能成为未来新一代成功人士，否则失败就在前方。

6. 创新思维，创新才能超越

1936年10月15日，对人类社会做出巨大贡献的伟大科学家爱因斯坦在美国高等教育纪念大会上说，没有个人独创性和个人志愿的统一规格的人所组成的社会将是一个没有发展可能的不幸的社会。创新是时代的需要，我们人类社会就是一部创新的历史，是一部创造性思维的实践。

创新思维是每个人都应具备的思维能力。然而，很多职场人士却缺少创新思维，他们每天朝九晚五，做完一件事接着做另一件事，填完一张表接着填另一张表，工作对他们来说味同嚼蜡，遇到问题时不知灵活地变通，只知道墨守成规，如果在自己现有的知识里找不到解决的方法，就束手无策。这类员工就跟拉磨的驴一样，一年365天只会围着一个磨盘重复着运动。他们不懂得突破，不知道创新，也就无法越过，只能原地转圈。

甚至有人一提到创新，就认为那是搞发明创造，自己干不了。这是对创新的片面理解。创新思维是指以新颖独创的方法解决问题的思维过程，通过这种思维能突破常规思维的界限，以超常规甚至反常规的方法、视角去思考问题，提出与众不同的解决方案，从而产生新颖的、独到的、有社会意义的思维成果。

给大家讲一个简短的故事：国外有一家牙膏厂，领导为销售产量绞尽脑汁，也没想出切实有效地解决方法，就发动全厂员工献计献策，一位工人提了一条简单而实用的建议，不过是把牙膏开口大一点，哪怕是一毫米。当很多人都在为如何推广和宣传献计献策的时候，这位工人却思维一变想到更有效地解决方法。这就是创新思维，不但要另辟蹊径，还要切实可行。

工作中的创新思维不等同于漫无边际的创新，它要与工作联系起来，需要员工寻找没有先例的方法和措施去分析认识工作中出现的问题，从中获得新的认识方法，锻炼和提高自己的认识能力，从而在工作实践中提高效率或增加效益。

杨红雷是长城铝业建设公司的一名职工，他善于思考和创新，经常利用科学技术攻克难关。他不但能够在带水和有障碍物等高难度条件下完成焊接作业，还能够通过改良焊接工艺和方法攻克技术难关，创造性地采用直流电焊机外加二次线圈的方法排除磁场干扰，有效地解决了带磁焊接的技术难题，大大改善了焊接质量。目前，此项技术已在各类高压容器和管道焊接中得到了广泛的推广应用。

长城铝业公司近几年承包的都是海外的工程项目，国外公司对质量、工期和信誉度要求非常严格。为了使各项标准都能达到，杨红雷对自己的工作要求更是精益求精，在工作中不断地创新。

2007年，长铝建成功签约挪威海德鲁卡塔尔铝业电解铝项目，这是长城铝业公司经过多次谈判争取到的最大一笔订单，合同金额近6亿元人民币。项目伊始，外方对长城铝业公司建设公司方焊接加工能力持怀疑态度，专程会同英国摩迪质量认证公司，到现场共同检验建设公司首个工艺评定试件。当杨红雷把焊接好的试件交给他们时，他们惊叹道："这简直是件工艺品！"

凭借扎实的焊接技术和强烈的责任心，杨红雷被公司任命为卡塔尔项目部焊接工程师，主要负责焊接作业指导和焊接质量检验工作。杨红雷深感责任重大，坚持精益求精地做好每一个焊接工艺评定试件，制定焊接工艺参数，严格按照质量标准，对每个焊接环节严格把关。

在焊接阳极铝合金盖板时，客户提出了极高的质量要求，要求焊缝相当于铅笔尖般粗细，这在常人看来简直是一项不可能完成的任务。杨红雷大量查阅国内外资料，反复进行尝试，发现改变电焊机电流量和选用小直径焊丝可以有效地控制焊缝高度。通过上百次的试验，他终于成功破解了这道技术难题。

在长期的工作中，杨红雷认识到一个企业单靠少数技术好、手艺强的人不行，只有通过辐射作用，让更多的人掌握较好的生产技艺，才能达到普遍提高施工质量的目的。他一方面，认真学习现代技术理论知识，注重科学文化素质的提高；另一方面，在工作和传帮带活动中时时处处起模范带头作用，影响和带动青工一同进步。如今，作为高级技师和长城铝焊接培训中心实操指导教师，杨红雷已经培养了一批批焊接技术骨干，成为企业有名的焊工专家。

杨红雷没有搞什么发明创造，他只是通过自己的思维方式，打破了常规，解决了一个又一个的工作难题。在创新思维的引导下，他自己不断进步，受到企业重用，同时也为企业创造了更多的价值。由此可见，创新思维对一个人在职场的发展是至关重要的。

员工每天面对着一成不变的环境、大同小异的工作，一项工作看似一样，工作的过程、时间、方式等不同，产生的结果也就不同。即使在很多人认为没有一点技术“含金量”的环卫工作岗位上，也存在着技术创新。中共十八大代表、河南省许昌市城市管理局环卫卫生管理处环卫工李秋霞就是这样一位创新的“多面手”。

1990 年，李秋霞的父亲即将从环卫工的岗位上退休。他提出了一个外人看来有些“过分”的要求：希望自己的女儿辞去工厂工作，“接班”当一名环卫工。父亲告诫李秋霞：“人不能光想着自己，也要多为大家着想，当环卫工很辛苦但也很光荣。”当年 11 月，李秋霞离开了让邻居们羡慕的“既有工资又有奖金”的企业，走上了风吹日晒的环卫工人岗位。

22 年的一线环卫工作，不仅让李秋霞积累了丰富的工作经验，而且在工作中，她还勤于思考，刻苦钻研，不断开阔思路，以创新的方式方法来促进工作成效，先后结合实际提出了 10 余条合理化工作建议，内容包括一线作业方式、清扫保洁工具的改进、应急预案、检查考核方法等多个方面，其中 6 项被许昌市城管局认定为创新项目，在一线管理中进行了推广，促进了工作效率的提高,收到了良好的效果。

走在许昌的街头,你会看到每名环卫工人不仅有一把大扫帚,还有一把特制的小扫帚,专门用于清扫路边的卫生死角,在日常运用中效果特别好。这把在日常工作中发挥大作用的“小扫帚”,就是李秋霞在日常环卫工作中摸索出来的一个“小发明”。

“你可别看我们这些人(环卫工人)年龄都不小了,可我们素质都高着呢,每个人在工作中都积累了不少经验。”提起自己的同事,李秋霞总是笑容满面。正因为有了这样的认识,李秋霞在日常工作中,非常注重学习与积累,不断取长补短,总结身边的人和事,反思自己的得与失,从文化学习、业务技能、管理理念等方面加强学习,使自己得到不断提高,并逐渐成长为一名优秀的环卫工作基层管理员,被大家称为单位解决问题的“多面手”。

工作不分贵贱,创新不分大小。如今是一个知识的时代,创新比汗水更重要。创造性工作、智慧型工作是势在必行、大势所趋。作为一名员工,不具备创新思维,你就不能给工作注入新鲜的血液。

创新就是超越。没有创新思维,没有勇于探索和创新的动力,你就无法拥有超越一切的动力,最终只能停留在原有的水平上,你所从事的事业必然会陷入停滞甚至倒退的状态。切记:创新才能超越!

7. 善待竞争,不断提升和完善自己

竞争无处不在。身在职场的人,都希望自己能够升职加薪,但是不是每个人都能够升职加薪的,名额总是那么有限的几个,竞争不可避免。那

么职场人士应该怎样面临竞争呢？

姜明与刘林是同学，幸运地进入同一家公司。姜明办事能力突出，能够独当一面；刘林富有亲和力，虽然能力不及姜明，不过人际关系不错，对内对外常得益于此。两人都很努力，双双在公司取得了很好的成绩。

工作一年后，他们所在的部门经理提出了辞职，姜明和刘林因工作突出，成为部门经理的候选人。两人虽然是好朋友，表面上没有什么太大的变化，背地里却都在暗暗使劲，希望能坐上经理的位置。

老板经过一番考察，并与管理层进行商谈，最终宣布刘林为新经理。消息一宣布，同事们议论纷纷，感到有欠公允，大家一致认为姜明更突出。姜明却出人意料地表示欣然接受，并赞扬了刘林身上有着自己没有的许多优点，认为这样的结果很合理。姜明认真总结了自己的不足之处，工作更加努力了。

姜明的一番赞扬与理解很快传到了新任经理刘林的耳朵里，刘林其实也明白自己的业务能力不如姜明，升职靠得更多的是人际关系。因此，原本就对姜明有所歉意的刘林，更加内疚。于是，第二年的绩效考核，刘林批示给姜明最高幅度的加薪，姜明的优异成绩也最终得到了老板的青睐，被调至另一个部门当主管。

职场上的竞争应当是一种人格魅力的比拼，应该理性对待，如果你有能力，或者领导“看走了眼”，你要保持良好的职业态度，继续努力，要相信是金子总会被发现的。如果你没有这种职业态度，即使这次胜出，难保你下次还能继续胜出，一旦在竞争中失败，你放弃努力或者抱怨不断，那么你的职业生涯也可能就此失败。

既然我们无法摆脱竞争，不如在竞争的过程中表现出大度，提高自身的价值未尝不可。有了这种想法，你会发现竞争也是一件美妙的事，可以让自己变得更加强大。

钱小华是新加坡华实连锁餐厅的创办人。20年前，钱小华和一个师兄在新加坡的一家大酒店里学手艺。

当他们学到一手精湛的烹饪手艺后，离开师傅自立门户。两人同在一座城市里，选中了一条新开发出来的小街道，这里不仅人口密集，而且整条街没有一家饭店。他们在街道两边各自租下一个店面开起了小饭店，生意都不错。

这时，那位师兄不开心了。他想："这里只有自己一家饭店该多好，所有的生意不都是自己一个人的吗？现在可好，却要和师弟一起分享。"想到这里，师兄决定离开这条街，去一个没有竞争、没人分享的地方接着经营饭店。很快，师兄就把自己的饭店转让出去了，然后跑到附近的一条新街，独立开了一家他自认为没有竞争、没人分享的新饭店。从此，师兄弟两人就各自做各自的生意。

半年来，钱小华所在的那条街的饭店越来越多。这时，师兄高兴了，暗暗庆幸自己明智的同时，也善意地劝钱小华远离那里，和他一样去找一个没有竞争的地方。钱小华没有这样做，他依旧留在这条街道，和同行们展开了激烈的竞争。

因为有了竞争，钱小华的饭店不仅注重硬件设施的投入，还在软件服务上不断地创新和提高质量。其他饭店也是如此，大家都把顾客当成上帝去拼抢，使得越来越多的顾客喜欢来此就餐。时间久了，这条街成了著名的餐饮街。附近的人要吃饭，首先就会想到这里，就连师兄那家饭店附近的居民也要跑到这条街来吃饭。

就这样，钱小华的饭店和其他所有的饭店一起得到了良好的发展，而师兄的饭店生意却十分冷清。因为经营得法并且善于利用竞争，钱小华拥有了足够的财力，他增开了一家规模更大的酒店。在为新酒店选址的时候，他把目光停留在了竞争极为激烈的市中心，新酒店的经营同样获得了成功。

后来，师兄的饭店在那种没有竞争的追求中，最终停业倒闭，成了师弟钱小华的一名仓库保管员。

竞争也是一种提升。竞争没有常人所说的那样恐怖无情，如何看待竞争，关键在于自己，不要只顾眼前的利益，眼光要长远。特别是当竞争结果已定时，事后的讨论已没有任何的意义。比如，职场上老板在用人方面绝对不会轻率而为，都会有他们的评判标准，表面上看似不公平，背后很可能有着它公正的一面。更何况每个人身上都有着别人无法企及的优点，只要你潜心分析，坦然面对，也许会对老板的用人理念、对手的长处、个人的缺点有新的认识，将会收获颇丰。

因此，我们要理性地看待竞争，善待竞争，将竞争视为一种智慧、一种胸襟、一种资源、一种对比，通过竞争不断地提升和完善自己。这才是我们在竞争中收获的最大价值。

8. 想方设法，像老板一样思考和工作

某天，公司经营出现状况，老板怎么办？他们一定会想方设法，加倍努力，及早让公司摆脱困境；员工怎么办？大部分人会觉得公司不行了，我是不是要找新工作了，于是做事效率越来越低。

这是一个很现实的问题，大多数员工会认为公司是老板的，我只是一个打工者。这种想法无可厚非。但是，如果你想在公司有长远发展，你想依靠公司这个发展平台，你就必须深思你的所言所行。

有一次，英特尔前总裁安迪·格鲁夫应邀对美国加州大学伯克利分校毕业生发表演讲，他提出了如下建议："不管你在哪里工作，都别把自己当成员工，应该把公司看作自己开的一样。事业生涯除了你自己之外，全天下没有人可以掌控，这是你自己的事业。你每天都必须和好几百万人竞争，不断提升自己的价值，增进自己的竞争优势以及学习新知识和适应环境，并且从转换工作以及产业当中学得新的事物，虚心求教，这样你才能够更上一层楼并掌握新的技巧，才不会成为2015年失业统计数据里的一分子，而且千万要记住：从星期一开始就要启动这样的程序。”

“别把自己当成员工”，这是成功者的忠告，这是老板赋予员工的权力。老板想要的员工能“想公司之所想，急公司之所急”。对于那种“事不关己高高挂起”的员工，没有哪个老板会喜欢。

老板希望员工像自己一样思考，树立一种主人翁意识，并不是发出了所有人都可以成为老板的信号，而是向员工提出了更高的标准，希望员工像自己一样对工作负责，与企业荣辱与共。

必须承认，许多企业的老板与员工的心理状态很难达到完全的一致，角色、地位和对公司的所有权不同，导致了这种心态的产生。在许多员工的思想中，“公司的发展是由员工决定的”诸如此类的话只不过是一句空话，是老板说给员工听的。员工会经常会对自己说：“我只是在为老板打工，如果我是老板，会把公司做得更好。”换位思考一下，有一天你是老板了，真的会如此吗？

赵领是一位颇有才华的年轻人，进了一家好公司，碰到了一个对他十分器重的老板。但是，他对待工作总是显得漫不经心。他认为：“这又不是我的公司，我没有必要为老板拼命。如果是我自己的公司，我相信自己一定会比他更努力，做得更好。”

工作了几年后，赵领有了积蓄和经验，就辞职离开了原来的公司，自己独立创业，开办了一家小公司。公司成立那天，他满怀信心地对手下的员工说：“我会很用心地做好这家公司，因为它是我自己的。你们跟着我干，一定有前途。”

可是，不到半年赵领的公司就维持不下去了，公司刚成立，资质低，没有客户，各个方面都要用到钱，员工工资一时发不下来，结果全走了，他怎么留都留不住，只好关闭了公司。赵领又重新做回到了打工一族。

再次给人打工，赵领的心态发生了很大的改变，觉得老板也不好当，应该多为老板着想。

每个员工都希望成为一个真正的老板，许多现在受雇于他人的员工态度十分明确："我是不可能永远打工的。打工只是一个过程，当老板才是目的。我每干一份工作都是在为自己挣经验和关系。等到机会成熟，我会毫不犹豫地自己干。"创业的激情，无疑是值得他人敬佩的，但是如果抱着"如果自己当老板，我会更努力"的想法则可能适得其反。要知道，员工的工作并不是单纯地为了成为老板或是拥有自己的公司，手中的工作既是为企业，也是为自己的未来。

从表面上看，员工每天的工作就是在为公司的老板招揽业务、赢取利润而忙碌。实际上，努力工作表面上看起来是有益于公司，但最终的受益者却是自己。身处公司这个系统中，老板支付给员工的工作报酬固然是金钱，但员工在工作中给予自己的报酬则是珍贵的经验、良好的训练、才能的表现和品格的历练，没有这些历练，自己又怎么能成为老板呢？假如你真的想成为老板，像老板一样对待你手中的工作，像老板一样思考问题，当你在为公司创造利润的同时，也是对自己"老板梦"的一个预演。

当你把自己视为公司的老板，你会对自己所作所为的结果负起责任，并且持续不断地寻找解决问题的方法，以及克服生产力的障碍，自然而然的，你的表现便能到达崭新的境界，你的工作品质以及从工作中所获得的满足感都掌握在你自己手里，你应该要负起全部的责任。挑战自己，为了成功全力以赴，并且一肩挑起失败的责任。不管薪水是谁发的，最后分析起来，其实你的老板就是你自己。

把自己视为一个打工者，就意味着你永远把自己当成了雇员，也就永远无法调动起自己的全部热情和工作积极性。对于员工来说，公司就是自己的第二个家，无论是员工，还是管理层，身在同一公司，就有责任为公司着想。只要公司发展上去了，才能为员工提供更好的发展机会，才能更好地改善员工的物质和精神生活。因此，要学会把公司的困难当成是自己的困难，要像老板一样思考问题，与公司同甘苦共患难，想公司之所想，急公司之所急。

如果你还有那种"为老板打工"的念头，请尽快放弃吧，它是你成功路上最大的绊脚石！只有像老板一样的思考和工作，把公司当作自己的产业，你才能够拥有更大的发挥空间，掌握实践机会的同时，也能够为工作的结果负起责任，在自己的工作岗位上发光发亮，培养企业家的精神，迈出成功的第一步。

第三章　眼疾手快，以实干家的精神做好工作

眼为心灵之窗户，手为行动之利器。每个企业都不是完美无缺的，总有很多问题需要去发现去解决，很多工作需要高效去完成，聪明的职场人会认真地对待工作中的每一个细节，不会给企业造成任何损失，也不会错失眼前的每一次良机，以实干家的精神，踏踏实实地做好手中的工作。只要他们工作一天，就会做到“眼中有物，手中有活”。

1. 眼高手低，会自我戕害

眼高手低是当代职场人士的一个通病，特别是一些刚进入职场的人，这一缺点表现得尤为突出。其表现一是只想做大事，不屑于做小事，甚至于看不起做小事的人；二是在观念上认为自己什么都行，而实际上又往往什么都不行；三是理论上精通，书本清楚，而解决实际问题的能力较差。

导致员工眼高手低的原因是多方面的，很多人之所以只想做大事，不屑于做小事，主要的原因是自己的理想与现实工作不符，工作都是平凡枯燥的，是需要脚踏实地的，这些人却过于自信，甚至狂妄，对自己抱有很高的期望，认为自己一开始工作就应该得到重用，就应该得到相当丰厚的报酬，觉得自己就是当领导的料，结果不愿做员工。当他们对工作感到厌倦时，就会对自己说：“如此枯燥、单调的工作，如此毫无前途的职业，根本不值得自己付出心血！”当他们遭遇困境时，通常会说：“这种平庸的工作，做

得再好又有什么意义呢?"渐渐地,他们开始轻视自己的工作,开始厌倦生活。

"万丈高楼平地起",没有地基,哪有那耸入云端的高楼?社会既需要高级人才,也需要中低级人才,有的人可以成为从事专门研究的高级人才,有些人可能更适合做应用型人才。我们常说"不想当将军的士兵不是好士兵",想当将军是好事,我们不排除有的人能够当将军,但不是所有的人都能够当将军,一个人能否当将军,不是靠自己设计,而是由实践决定的。你见过直接升为将军的人吗?没有,他们都是从士兵慢慢爬上去的。

一个公司终究要有人当老板,有人当员工,大家都成了老板,公司就没法运行了。几乎所有的公司,大部分员工从事的都是具体、琐碎、技术等事务性工作,如果你对自己期望值过高,只想着干大事,必然会因为眼高手低在职场上碰得头破血流。在就业压力如此大的社会,能找一份工作就已经不错了,如果你再不脚踏实地,工作可能都会成问题了。

万明毕业于国内一所著名大学,自从进入这所大学,万明就认定自己今后的人生必定充满辉煌。大学毕业后,万明经过慎重考虑,进入了一家银行工作。这么一个好工作,让周围的朋友羡慕不已。

万明在银行当了一名营业员,这是双向选择,他倒没什么意见。万明有自己的打算:能进银行工作也已经不错了,凭自己的文凭、才干,当个领导是迟早的事。然而,实际并非万明想象的那样,还没有过试用期,他就开始讨厌自己的工作了,每天面对着无数客户,大把大把的金钱,枯燥、机械性的工作让他毫无精神,不知道什么时候才能熬到头。

银行营业员本来属于服务性质的,万明对工作失去了兴趣后,服务态度明显差了很多,工作中也时常出错,从次遭到他人投诉。领导认为培养一名高才生所花成本太大,对万明就以教养为主,希望他能做好本职工作。万明可不这样想,每次受到领导的批评,都让他产生逆反的心理:你凭什么教训我,说不定哪天我就是你的领导了。

试用期过后,万明勉强地留在了银行工作,升职却遥遥无期。他非常后悔当初选了这样一个企业，整天怨天尤人，抱怨不休，笨手笨脚，几个月过去了，他的所作所为已经让领导忍无可忍。这样大家互不欣赏，万明只好辞职不干了。

中国有句俗话："是骡子是马，拉出来遛一遛。"当你面对一个新的环境或陌生的工作岗位时，老板并不知道你的能力，无法对你委以重任的，薪水自然也不可能很高。如果你想获得一切，拿出实力证明自己。

眼高手低实质上是一种自我戕害的表现，任何自信必须建立在现实的基础之上，你可以高谈阔论，但是面对具体问题时，你必须脚踏实地，空谈解决不了任何实际问题。很多有能力的员工都是在眼高手低的毛病中把机会给扼杀了。

一位从美国读完 MBA 回国的青年才俊，毫不费力地进入了一家世界 500 强企业的上海办事处。老板刚开始总把一些鸡毛蒜皮的小事交给他做，他有点不满意。有一次，公司要拿下一个大项目，老板让年轻人做一份计划书在招标会上用，年轻人认为这事太简单了，立功心切，他以最快的速度做好了计划书。没想到会议结束后他就收到了人事处的解聘通知。原来，他平时做事马马虎虎、草草了事，结果养成了不好的习惯，在做计划书时，直接把"进口"误写为"出口"，导致公司在利益和信誉上蒙受了双重损失。

对于那些眼高手低、自我评价过头的年轻人，企业管理者又是怎么评价的呢？

联想集团有限公司董事局主席柳传志：我们培养的是特别在乎有自我表现舞台和机会的年轻人。我们需要有一批为国家富强把职业当事业干的劲足、悟性强的年轻人，而不是单纯只是求职的人。一些大学生对自己评价过高，不能看到别人的精彩之处，是他们悟性发展的极大障碍。我碰到的这种大学生挺多，有一定能力，但只是聪明而已，还达不到智慧的程度。在我们难以培养的大学生中，有的个性很强，强得外力碰不破，就不具备培养的前途；还有的总把自己做的八分看成十分，把别人做的八分看成六分,有谁愿意与他相处呢?

丰田汽车(中国)投资有限公司经营管理部人事经理陈博雅说:他们进来以后总感觉自己很了不起,其实连进门、打电话的礼貌规矩都不懂,企业对他们的培训往往要从最基本的礼仪开始,真是很无奈。还有的在面试时口若悬河,说自己做过什么项目,一副非常有能力的样子,招进来让他们负责做技术,才发现他们根本做不好,让当初负责招聘他们的人处境尴尬。

纸上谈兵的人在职场上是不受欢迎的,永远无法取得成功。那些在事业上取得一定成就的人,他们无一不在忠实地履行自己的日常工作职责,从简单的工作和低微的职位上走向成功的。他们总能在一些细小的事情中找到个人成长的支点,不断调整自己的心态,用恒久的努力打破困境,然后变得卓越与伟大。

你的心目中要有远大的理想,但是在实际工作中必须脚踏实地,千万不要让眼高手低束缚住了你的手脚,无论你的工作如何普通,你的职位多么低下,都要及时地衡量自己的实力,不断调整自己的方向,认真对待工作中的每一件事,不论大小都要用心去做,对于那些小事更应该如此,这样你才能一步一步地达到自己的目标。

2. 脚踏实地,一步一个脚印

你是否还在为工作没有想象中的好、到手的工资比预计的低、办公环境也不好、周围的同事让人受不了等等工作中的烦琐之事而苦恼,你是否还在为现实与理想的差距而纠结,不如忘了你心目中的比尔·盖茨,回归现实,脚踏实地做好手头上的事,你会发现其实工作并没有想象中的那么痛苦。

脚踏实地是职场人士所具备的素质，也是实现梦想、成就一番事业的关键因素，眼高手低、自以为是、好高骛远是脚踏实地工作的最大敌人。你若时时把自己看得高人一筹，处处表现得比别人聪明，那么你就会不屑于做别人的工作，不屑于做小事、做基础的事。

每个职场中的人要想实现自己的梦想，就必须先从梦想回归现实，调整好自己的心态，安放好那颗浮躁的心，打消投机取巧的念头，从工作中一点一滴的小事做起，在最基础的工作中，不断地提高自己的能力，为开始自己的职业生涯积累雄厚的实力。

事实上，职场之中很少有什么惊天动地的大事，工作都是由一件件小事组成，无论多么平凡的小事，只要从头至尾彻底做成功，便是大事。管理者不是瞎子，只要你踏踏实实地做好每一件事，机会总会降临到你的头上，即使你不会进入管理层，也会在平凡的岗位上创造出不平凡的业绩。

在湘潭钢铁集团有限公司，有一个水洗球磨班，这个班总共有 27 个女工，她们都是来自湘潭市郊的农家姑娘和媳妇。1992 年，湘钢集团征用了农村部分土地扩建厂房，她们跟 120 多个失地农民一起被招工进厂，穿上了渣钢回收加工厂回收队的工装。

那时回收队的工作就是在一堆又一堆的钢渣山里爬上爬下，挑出大块的渣钢搬到板车上，再拖到一旁用汽车拉回炼钢厂回炉。从农民变成了工人，大家心里既有喜悦，又有些迷茫。干这种活，当工人跟当农民相比，没多大差别。农民是“面朝黄土背朝天”，而在渣场翻拣渣钢，只是脚下的黄土换成了热烘烘的钢渣而已，这工作比种田更累、更脏。但是，大家还是坚持了下来，这一捡就捡了近 10 年。

钢渣山其实是“金山”，资源循环利用，不可能一直靠肩挑手扛来支撑。2001 年，湘钢集团渣钢回收加工厂终于建起了磁选、球磨生产线。回收队解散了，回收队的板车也丢到炉子里炼钢去了。27 个姑娘、媳妇集体转岗到先进的湿式球磨磁选线，组建成了水洗球磨班，跟装载机、斜板沉淀池、豆钢烘干机、磁选滚筒等设备打上了交道。

一下子换成了现代化的流水作业，这可需要过硬的技术。27个班组成员中只有6人念过高中，其余都是初中或小学文化程度。文化底子薄，成了水洗球磨班学技术干技术活的“拦路虎”。

大家虽然以前都是捡渣钢的一把好手，可是上水洗球磨技术培训课，别人一听就懂的东西，她们要反复听好几遍才能明白，很多人常常急得掉眼泪。于是，她们就将捡渣钢时的精神用到学习知识上，最终闯过了技术难关。

当班里需要装载机司机时，好强女工们硬是把这项技术活学会了，干好了。全国钢铁行业的其他渣场里，开大型装载机是男司机，偏偏湘钢集团水洗球磨班的两台大型装载机都是女性驾驶，而且这个班里，有5个女工考取了驾驶合格证，个个能把装载机开得满地跑。

在短短几年间，水洗球磨班先后有6人获取了大专文凭，每个女工都拿到至少一个技能操作证，有些女工甚至拥有四五个证书，无论岗位怎么换，她们都能轻而易举地“拿下”。这下，她们一个个从只知道捡渣钢的农村妇女变成了企业不可缺少的技术工人。

在湘钢集团，各个生产线都有污水沉淀池，当污泥沉淀到一米多深时，需要人工定期下池清理。厂里包给了两名农民工，谁知他们没干两天，就嫌太脏、太累，结果跑了。水洗球磨班主动请缨揽下任务，大家身穿雨衣雨裤，轮班跳到齐胸深的黑泥中用锄头挖、水桶提。一次，那两个农民工路过沉淀池时，看见浑身泥水的竟是一群妇女，诧异地问：“给你们多少钱啊?”她们回答：“我们不是为了钱。”两个农民十分不解。

“从学技术到清污泥，都是为了责任，我们要做好每一件事。”这就是姑娘们给出的答案。

在湘钢集团“做精做强、成本领先”的发展战略中，水洗球磨班是渣钢厂一个独特的“增长点”。因为技术娴熟，水洗球磨班的27个姐妹的豆钢年产量从最初3000吨，增长到了如今的2万多吨。受国际金融危机的影响，湘钢集团决定暂停外购废钢，由渣钢回收加工厂增加自磨块钢供应。水洗球磨班主动请缨，增加生产，增开夜班，有效地节约了公司成本。

从农民到技术工人，姑娘们一步一个脚印，如今她们的努力付出已经得到了回报，好几个人已经走上了管理岗位，她们的集体也荣获了全国总工会授予的“建功立业标兵岗”称号。

这些巾帼女工们没有豪言壮语，有的只是脚踏实地的工作态度，她们坚守着自己的工作岗位，守得住清与苦，耐得住脏与累，放下心、沉下身、学技术，一步一个脚印努力向前，没有任何借口，也没有任何侥幸，这是多么朴实无华的工作作风，最终她们的努力得到了回报。

比尔·盖茨、乔布斯等商界“奇人”，是为数不多的，我们要理性地对待成功。现实生活中，我们大都是平凡人，不可能指望着人人都像他们那样取得巨大的成功。但是，成功并没有远离我们，只要我们抱着一颗平常心，踏实肯干，有水滴石穿的耐力，我们获得成功的机会，肯定不会比那些禀赋优异的人少到哪里去。

成功之门对每个人都是敞开的。一个人如果有了脚踏实地的习惯，具有不断学习的主动性，并积极为一技之长下工夫，那么成功就会变得容易起来。脚踏实地做事的人，能够控制自己心中的激情，避免设定高不可攀、不切实际的目标，也不会凭借侥幸去瞎碰，而是认认真真地走好每一步，踏踏实实地用好每一分钟，甘于从基础工作做起，在平凡中孕育和成就梦想。

我们都是平凡人，请抛弃那些不切实际的想法，放低姿态，沉下心，踏踏实实工作，你才能成就一番不平凡的事业。

3.

接到工作，立即执行

你将闹钟设定在早晨6点，闹钟铃响时，你还想睡，于是多睡了一会儿，结果迟到了；领导交代你给客户打个电话，你想等手头上的事忙完后再打，等手头上的工作结束后，你却把打电话的事忘记了；下星期公司需要一份投标书，还有几天的时间可以制作，你认为时间绰绰有余，结果到了领导规定的时间，你还在加班加点……

工作中有太多的人总是拖延，拖过了今天拖明天，久而久之，就养成了拖延的坏习惯，所有的工作到了他那里，都会慢半拍，毫无工作效率可言。在拖延中，他们所有的美好理想都会变成幻想，不仅丢失了今天，而且永远生活在“明天”的等待之中。

拖延并不能使问题消失，更不能使问题变得容易。相反，随着事情完成期限的逼近，工作压力反而会与日俱增，不仅让人感觉到身心疲倦，问题还会由小变大、由简单变复杂，解决起来也越来越难。更糟糕的是，没有任何人会为你承担拖延的损失，后果只能你自己承担。

避免拖延的唯一方法就是立即行动。

英国哲学家培根说过：“好的思想，尽管得到上帝赞赏，然而若不付诸行动，无外乎痴人说梦。”接到工作任务后，我们应及时采取行动，虽然接下来的结果不一定能令人满意，但不采取行动，绝无满意的结果可言。

作为一名优秀的职员，应当在工作中摒弃拖延的毛病，养成立即行动、动手去做的习惯，而不应该为自己制造借口，有意拖延工作。执行力是提高工作效率的最有效方法之一。

张印大学一毕业就被一家公司录取了，年薪达到10万，而他的同学大多还在忙着找工作。当同学知道他被大公司录取的时候，都十分惊讶。一些同学想从他那里取经，张印谦虚地说：

“我只是比别人想得远一点，行动得早一点而已。一个想法不如一个行动，想到了我就去做，从不拖延。”

在大学期间，当同学玩游戏、逛街、谈恋爱的时候，张印却选择给自己“充电”，不断地提升自己的专业技术。那时他就在那家大公司兼职了。正是在兼职期间，张印充分展示了自己的能力，直接打动了公司的老板。事实上，在他还没毕业时，那家大公司就内定了他。

工作后，张印将立即执行的习惯带到了工作之中。有一次，公司想搞定一个外地的大客户，老板得到消息，那个客户有可能这几天要来，交代张印有时间关注一下这件事。张印接到任务后，立即停下手中的工作，虽然他不能肯定客户是否能到该市，也不知道他哪天到，但是他还是对此事十分上心，当天就去客户可能入住的酒店蹲守着。

就在张印到酒店不久，那个客户竟然到了。客户对眼前的张印十分惊奇，问道：“你怎么知道我什么时候来？”

“我并不知道，只是接到领导的任务后，立即执行罢了。”张印回答道。

最终，双方达成了合作协议。在签约仪式上，客户表扬了张印，他说：“就凭张印的执行能力，就能看出贵公司的办事能力。所以，与你们合作，我是放心的。”

许多人做事总喜欢等到所有的条件都具备了再行动。诚然，条件成熟是成功的前提，但并不是说只能等条件成熟才能行动。再说，你怎么知道成功需要哪些条件呢？很多事情万事俱备时，苦等东风也不会来，还不如立即去做，然后随机行事，胜算才会更大。

接到工作任务，立即执动，这本身就是一个良好的开端，它会带动我们更容易地去做更多的事情。工作中的很多机会都是稍纵即逝，能否抓住这些机会，不仅取决于你是否有敏锐的洞察力，是否善于吸纳别人的建议，而且还取决于是否能立刻去做、绝不拖延地去付诸行动。应该说，后者更有现实意义。与其等待，被工作弄得措手不及，不如立即行动。

要想做到立即执行，必须摆脱拖延的坏习惯。以下给工作中喜欢拖延的员工提出几点忠告：

1. 以积极主动的态度对待工作。一个人的工作态度很重要，当你积极而主动地对待工作时，你会对每件工作都感兴趣，并愿意去完成。

2. 学会立刻着手工作。假如在工作中接到新任务，要学会立刻着手工作。不要总想着工作中的困难，任何工作都需要不断摸索、创新，一步步排除困难，如果一味地拖延、思考，只会在无形中为自己增加更多的困难，这将不利于自己在工作中作出新成绩。

3. 工作要善始善终。在工作的过程中，即使是很普通的任务，如果有效执行，并且继续深入发展，都比半途而废的"完美"计划要好得多，当你在工作中有所收获，你会带着激情完成下一个任务。

4. 千万别为自己制造任何拖延的借口。任何借口都是消极的，都会影响到工作的情绪，进而影响执行力。

5. 行动要与想法结合起来。想法本身不带来成功，它一旦和行动结合起来，将会使我们的工作显得卓有成效。

6. 永远不要等到万事俱备的时候才去执行。领导交代一项工作，不是让你去准备的，工作结果也是无法预期的，永远都没有万事俱备的时候，这种完美的想法只是一种幻想。

7. 用行动来克服困难。困难永远存在，恐惧只会让困难变得更强大，行动会让你忘掉困难。

8. 有计划、有策略地完成任务。执行任务要有步骤，会统筹安排，养成不要让今天的事情"过夜"的习惯。

一个优秀的员工应当是：行动敏捷、雷厉风行、抓住最好的时机，做出最好的选择，在最短的时间把一切工作做到位，从而使任务完成得圆满，周到而从容。当你在工作中养成遇事马上做的习惯，你的工作效率会因此大大提高，久而久之，你会更容易抓住成功的机会。

4. 细致用心，不要放过眼前的任何细节

两千年前，思想家老子曾说过：“天下难事，必成于易；天下大事，必作于细。”细节决定工作的成败，只要把细节做到位了，工作就做完美了，那么成功就不成问题了。

细节是什么？细节就是流水线上的一块电子板；就是你在办公室里随手关掉的一盏灯；就是你对客户的一个微笑；就是数据表中的一个标点；就是安全生产中的一个标识……工作中的细节无处不在。

随着现代社会分工的越来越细，人们对细节的要求也越来越高，往往一个很精细的东西，都可能影响到工作的正常运转。如一台拖拉机有五六千个零部件，要几十个工厂进行生产协作；一辆中华牌小汽车，有上万个零件，需上百家企业生产协作；一架飞机，共有 450 万个零部件，涉及的企业单位更多。如果把每一个零件的制造又分解成各个步骤，试想一下，哪一件产品不是细节的会聚，哪一份工作不是细小的工作？在这由成百上千乃至上万、数百万的零部件所组成的机器中，每一个部件哪怕是 1% 的差错，对产品都是致命的损害。可见，细枝末节的小事更重要。很多工作都是“成也细节，败也细节”。

1959 年，苏联的宇宙飞船即将升空。为了实现人类的首次太空之旅，苏联政府在此之前很早就在全国范围内展开了宇航员的选拔工作。经过严格选拔，20 名候选人确定了下来，25 岁的加加林名列其中。

随后，20 名候选人在实验基地进行了模拟测试训练，经过一轮又一轮的层层筛选，邦达连科、季托夫和加加林 3 人不负众望，脱颖而出，成为这 20 人中的佼佼者。按规定，最终执行这次太空飞行使命的宇航员名额只有 1 个，3 人中必须淘汰 2 人。

当时的排序是:邦达连科为1号宇航员,季托夫和加加林分别为2号和3号后备的“板凳”宇航员。

似乎结果已定,可是就在宇宙飞船即将发射的前一天突然出现了意外,3名宇航员在纯氧的船舱进行例行训练结束的时候,1号宇航员邦达连科随手将擦拭传感器的酒精棉球扔到了一块电极板上,船舱里顿时燃起了熊熊大火,邦达连科被烧伤后不治身亡。

面对这一意外情况,为了不影响第二天的飞船发射,苏联方面召开了紧急会议,研究上天的最新人选,按排序非季托夫莫属,但也有人提出了不同的意见,双方争执不下,谁也说服不了谁,最后还是飞船的总设计师科罗廖夫拍板确定加加林上天。为什么会是加加林呢? 科罗廖夫说出了加加林入选的理由。

原来20名候选人在实验基地进行模拟测试的时候,科罗廖夫就注意到了那个叫加加林的年轻人。有一次,别人完成测试后,轮到加加林进入机舱了,加加林很从容地走到机舱前面,然后停了下来。他没有像其他选手那样直接进入机舱,而是蹲下身子。科罗廖夫很奇怪:“这个年轻人要干什么?”正在大家疑惑不解时,加加林却脱下了鞋子,穿着雪白的袜子走进了机舱。

科罗廖夫走到机舱前,微笑着问加加林:“小伙子,我很想知道你脱下鞋子的真正用意?”

加加林回答:“我有一个多年来养成的习惯,那就是对自己工作的对象非常珍惜。尤其是像这样精密的机舱飞船,更不能带进一丝的尘埃。我脱鞋进来,就是怕弄脏了它,也是对飞船设计者的尊重!”

听完加加林的话,科罗廖夫非常感动,他正是这艘飞船的主设计师,从那以后,他记住了这个注意细节,不嫌麻烦的年轻人。

就这样,加加林凭借自己在日常工作中养成的良好习惯,脱颖而出,最终乘坐宇宙飞船在太空中遨游了108分钟,成为世界上第一个进入太空的宇航员。

邦达连科一个随手扔棉球的细节毁了他的宇航梦,加加林的一个脱鞋子的细节,成就了他成为世界上第一个进入太空的

宇航员的理想。正所谓：成也细节，败也细节。

有句英文老话说："恶魔藏在细节里。"就是指小细节往往容易让人忽略，而造成事情功亏一篑。聪明的上班族可千万别小看各式各样的细节，因为你不管它，它就会来管你，而任何一个把细节做到完美、细致的员工，都足以得到企业的认可和信任。

工作有大小之分，可是没有任何一份工作，小到可以被抛弃；没有任何一个细节，细到应该被忽略。殊不知，能把自己所在岗位的每一件小事做成好、做到位就很不简单了。君不见，同一项工作、同样是小事，不同的人会有不同的体会和成就？

注重细节和不注重细节的员工的工作结果和收获是不同的。那些在工作中不屑于做小事的人，做起事来十分消极，不过是在工作中混时间；而积极的人，则会安心工作，把做小事作为锻炼自己、深入了解单位情况、加强业务知识、熟悉工作内容的机会，利用小事去多方面体会，增强自己的判断能力和思考能力。

大家现在都在谈竞争，仔细想想，竞争的本质是什么？细化到每一个环节，竞争就是细节的竞争。细节往往能反映出一个员工的专业水准、工作态度，当你脚踏实地地在平凡的工作中辛勤耕耘，你就会抓住每个机会，实现自己的梦想；而那些不愿俯视手中工作细节的人，只能在工作中焦虑地等待机会，最终默默无闻。

总之，工作无小事，每一件事都值得我们去做，谁能把住工作中的细节，谁就能悄然成功，于无声处听惊雷，在细节中见真知。落实好工作中的每一个细节，把小事做细，把细节做好、做透、做到完美，还用担心工作的结果吗？

5.

珍惜时间，别让光阴从你的指缝间流走

在非洲的大草原上，羚羊和狮子为了生存，一个拼命地奔跑，一个拼命地追逐，谁快谁就赢，谁快谁生存。动物的生存法则跟职场竞争大同小异，在职场上，快就代表着机会，快就是效率，快就是瞬间的“大”，无数的瞬间构成长久的“强”。职场竞争取胜的实质就是时间的领先！

时间待人是平等的，无论你是世界首富，还是普通上班族，所拥有的时间长度都是24小时，并不会因为身份的不同而有所差别；时间也是最偏私的，给任何人都不是24小时，时间在每个人手里的价值都是不同的，不会利用时间的人总是事倍功半，会利用时间的人则可事半功倍。

当我们在羡慕别人工作成绩的时候，你知道他们是多么珍惜时间吗？

20世纪90年代初，当时的中国并不富裕，国内青少年多数都很羡慕日本有轿车、有电器的富裕生活，国内一些地方还经常组团去日本学习、参观。

有一次，来自辽宁省的一个青年参观团到日本出席一个会议，出国前，中方团长准备了厚厚的一叠发言稿，可是轮到他发言时，日方官员递上的会序表却写着：“中方发言时间：10点17分20秒至18分20秒。”

发言时间仅为1分钟，这怎么行呢？好不容易准备了一大摞发言稿，结果白费工夫。对于经常长篇大论的人来说，日本人的做法似乎不可思议，但这在日本却是极为平常的。日本从工人到学者，时间观念都非常强。他们考核岗位工人称不称职的基本标准就是在保证质量的前提下单位时间的劳动量，时间一般都精确到秒。

成功者总是有方法的，失败者总是有原因的。我们再把眼光转向那些失败者，会发现他们往往有两种表现：一是放纵自己，时间没有紧迫感，不把时间当回事儿，没能养成遇事马上做、今日事今日毕的好习惯，总把今天的事情推到明天，以至于“明日复明日，明日何其多；我生待明日，万事成蹉跎”；二是没有科学管理时间的方法和技巧，低效率重复劳动，最终成效不明显，自己还疲惫不堪。

在大多数情况下，时间是一分钟一分钟地浪费的，而不是整个钟头浪费的。水桶的底部如果有一个小洞，水很快就会漏光，结果跟有意把水倒掉一样。时间是从“小”处溜走的，当你玩游戏时，它就从指缝间流走，当你侃大山时，它就从嘴角间流走。我们虽然无法让时光倒流，也不能使时光放缓，但我们却可以控制它的“流向”。通过时间管理，扎紧时间“袋口”。

可能有人一听到“时间管理”这几个字就会误以为必须要忙个不停。事实上，在短时间内做很多事确实是时间管理的手法之一，却并非时间管理的全部。适当地利用时间，更是一种高明的时间管理。就像抽屉经过整理之后，虽然可以再收纳更多的东西，但不见得非要塞满不可。就算只放了七分满，只要能让抽屉里的东西好找好拿，就能给你带来舒适和便利，对工作的帮助就更不用说了。

1. 给时间排序。我们不能延长时间，但却可以排序，把所要完成的工作按照轻重缓急制订一个合理的计划，充分利用每一分钟时间。

2. 把时间分成若干个小段。美国人和日本人办事常以小时、分钟为单位来计算，而我们办事常以一天、一周为单位来计算。从这一点上来说，美国人和日本人的时间观念是值得我们学习的。把时间分成若干个小的时间单位，有利于充分安排和利用时间，一时节约的时间和精力或许并不多，但长期积累，可节约大量的时间。

3. 把时间视为金钱。人人都对钱感兴趣，当你把时间换算成金钱，你就会主动地去珍惜时间。犹太人就是这样的。他们常以一分钟得多少钱的概念来工作；犹太老板请员工做事，工薪是以小时计算的；犹太人会见客人，十分注意恪守时间，绝不拖延，客人来访，必须要预约时间，否则要吃闭门羹。

4. 限时工作。特意给某项工作设定一个时限，一旦规定必须在什么时间里完成某事,你就会自觉努力,效率大大提高。科学家爱因斯坦就很喜欢用限制时间的方法来安排自己的工作和学习。他把 8 小时的工作量限制在 4 个小时内完成,这样就可以将剩余的时间用来学习和研究。

5. 学会抢时间。本来限定 4 个小时完成的工作,如果你能用 3 个小时完成,恭喜你,你赚了 1 个小时。

6. 找对工作方法节约时间。工作方法很重要,你可以借用工具和技术来完成工作,总之,想尽一切办法来节约时间。

7. 把自己的时间安排得满满的,从而促使自己努力,这是充分利用时间的最好办法。

8. 通过合作节约时间。你可以在工作时与人协作,最好找效率不低于自己的人做伙伴,对比自己更重要的人,要配合他的时间。

9. 学会统筹。比如边吃饭,边听新闻、音乐;边看电视,边交谈;边看书,边交谈;边吃饭,边交谈;边打乒乓球,边交谈等等。你可以在生活中安排一些有意义的事情,以达到边玩、边学习或边工作的目的。

10. 给自己找更多的事情做。不要让自己在工作中闲下来,多做事就是在积累时间。

11. 利用零碎的时间。优秀的员工和普通员工的区别在于他们善于利用零碎的时间,尽管一时的区别并不大,但长期积累,差距就产生了。比如,带上一个小问题在吃饭排队的时候思考,交给上司的方案往往要坐着等待他的答复,可思考与此方案有关而尚未完成的问题。

重视和管理你的时间吧,不要总是感叹“时间太瘦,指间太宽”。“时间就是生命”、“时间就是金钱”,当你将时间视为生命,你就知道如何珍惜它;当你将时间视为金钱,你就会懂得如何去管理它;当你把更多的时间用在更有效益的地方,时间就会转变成机会,机会的增加,必然促成目标的早日达成,这是成功的方法之一。

6. 把握机遇，机会面前手脚要快

一个机遇，能扭转一个人的人生走向，机遇在成功中具有举足轻重的作用。职场失败者中，有的人不乏聪明才智，有的人勤奋肯干，可总与成功无缘，他们失败的主要原因就在于没有把握好和利用好机遇。

哈佛大学的一项调查报告表明，人的一生只有 7 次决定人生走向的机会，两次机会间相隔约 7 年，大概 25 岁以后开始出现机会，75 岁以后就不会再有什么机会了。这 50 年里，绝大部分机会出现在工作期，第一次机遇不易抓住，因为太年轻，最后一次也不用抓住，因为太老，这样只剩 5 次了，这 5 次机会里又有两次不小心错过了，所以实际上只有 3 次机会。可见，机遇是人生最紧俏的“商品”，抓住仅有的几次机会对人的命运至关重要。

机遇面前人人平等，要想利用机会，就看谁抓得准、用得好，它需要我们用积极的行动去“抢购”，机遇往往不是等来的，而是抢来的，甚至是创造出来的，真正的成功者就在于他们在机会面前总是比别人快一步。

赵鸣毕业于中国农业大学，他是学植物专业的，毕业后成了郑州一家生物制品公司的白领。他有一个爱好，工作之余喜欢旅游、野外探险、考察各种野生植物。

2004 年春天，赵鸣和一帮朋友赴新疆旅游时，在一个叫于田的小县城里，意外认识了一个漂亮的当地姑娘沙丽。几天短暂的相处，这对年轻人悄然擦出了爱的火花，离别时两人难舍难分。

回到郑州后，赵鸣发现自己无可救药地爱上了沙丽。两人相隔千里，接下来的日子里两人只能通过电话互诉相思之苦，但这不是长久之计。

有一天,陪上海来的客户吃饭时,对方告诉赵鸣,去年他们公司增加了一种新业务:从玫瑰花里提炼玫瑰精油。它是高级香水的名贵原料,我国大多从欧洲进口,玫瑰精油每克价值600元人民币,所以它又有“液体黄金”之称。客户还告诉赵鸣,前不久他到伊犁采购了一批玫瑰花,因为新疆昼夜温差大、日照时间长,只有那里的原料才是出油率高的上乘货。客户无意中的几句话,却使赵鸣眼睛一亮,他意识到:这是一个机会。

随后,赵鸣到上海客户所在的公司考察玫瑰精油提炼和出口情况。回到郑州后,赵鸣脑海里马上闪出一个大胆的计划:新疆地广人稀,自己何不到那里承包土地,大量种植玫瑰花呢?

有了计划,立即执行。赵鸣辞去了稳定的工作,不顾亲戚朋友的坚决反对,为了爱情和自己的事业,于当年10月义无反顾地去了新疆。

沙丽的家乡于田,位于我国最大的沙漠塔克拉玛干的南缘,这里除县城是一片小小的绿洲外,放眼远望,到处都是沙。赵鸣的创业计划虽然得到了女友的支持,但他遇到的最大难题是,到哪里去寻找一片合适种植玫瑰的土地?好在沙丽从小生长在这里,对当地还是比较了解的,她的一位维吾尔族朋友告诉他们,阿热勒是一块“风水宝地”,在那里无论种麦子或栽种果树,都能很好地生长。

赵鸣赶紧跑到阿热勒。这里有一条克里雅河,每年七八月间,昆仑山冰雪消融,泛滥的洪水在沙漠里冲刷出一条条淤泥地带,年深日久成了一块面积可观的小平原,生长着片片原始胡杨林,还有野生植物,是一处理想的种植玫瑰的土地。

2005年,赵鸣在阿热勒承包了800亩地,并聘请30多名工人做帮手。他和女友一起带着大伙平整土地,修建水渠,还大量移植红柳等植物筑起了一道防风沙的“绿色屏障”。其间,尽管遇到了许多意想不到的困难,但玫瑰试种总算成功了。

赵鸣的“玫瑰庄园”地处沙漠深处,丰富的光热资源为玫瑰生长提供了极好的条件,跟花店卖的,或者我国山东的济南、烟台等地农户大量种植的都不一样,由于出油率高,加工商开出的收购价很高。当年，赵鸣的收益十分可观。

第二年，当地群众见种玫瑰有利可图，也纷纷效仿种植，玫瑰种植面积进一步扩大。这样，赵鸣的利润就没有第一年那么高了。

有一天，赵鸣到乌鲁木齐办事时，一位在新疆农科院工作的朋友告诉他，目前玫瑰精油在全世界的产量还不足30吨，而且十分抢手，靠卖原料赚了几个钱，不如自己动手从鲜花里萃取玫瑰精油。

一语惊醒梦中人。赵鸣感到机会再次降临，必须马上行动，否则别人就抢占先机了。很快，他花了20多万元，从广州买回了一套专业蒸馏设备，野心勃勃地准备大干一番。谁知，事情远没有他想象的那样简单。由于不懂技术，几次蒸馏实验均失败了。好不容易看到出油管里有了精油，但是很多都挂在管道壁上，流不出来。此时，仅损失的鲜花就有2000多公斤。

经过一番折腾后，赵鸣终于突破了这一技术瓶颈，出油顺畅了，车间里散发出浓烈的芳香。但问题又来了，赵鸣提出的精油和自己在上海见到的玫瑰精油不一样，怎么回事？通过向自治区农科院的朋友请教后才知道，他提炼出来的这种黑色液体只是毛油，里面还含有30%的蜡脂，只有对毛油进行脱蜡，才能得到真正的玫瑰精油。好在这个问题并不复杂，几天后，赵鸣终于生产出了亮晶晶的金黄色玫瑰精油。

2007年1月，经上海国家香料香精化妆品质量监督检查中心检验，赵鸣提炼出的玫瑰精油纯度达到了80%。当年，他就签下了500多万元的供货合同。

第二年，赵鸣的玫瑰精油又远销到法国、意大利和德国。现在整个于田县的玫瑰种植面积已推广到1.5万亩，成为了闻名全国的“玫瑰之乡”。

成功者往往是那些手脚快的人，他们有灵敏的嗅觉、敏锐的市场眼光、深刻的洞察力，能够在纷繁复杂的社会经济事务中把握趋势的战略眼光，具有超凡的胆魄和远见卓识，快速的反应能力。他们能抓住机会，也就抓住了成功。

有些人认为,“是金子总会发光的”。不错,你有能力,可以战胜很多竞争者,能够脱颖而出。可是,现实并非如此,你有能力,你能保证别人都比你差吗?你能保证领导会给你展示能力的机会吗?难道不问市场风云变幻,不理企业需求变迁?

世事无常,谁都不能保证一定可以成功。唯有抢占先机成功之后,顺势而为,继续努力做好,始终保持领先地位,这才是我们在工作中应该采取的正确战略。否则,“真金”将久埋地下,才华将付诸东流。

有时候,抓住机会,在某一天,一个很小的工作细节就能创造出奇迹;如果错失时机,在今后的几年中,纵使你百般的努力也不可能为企业创造同样的价值。有时候,抓住机会,一个今天还默默无闻的普通员工,明天就可能“一夜成名”,成为被领导器重的人才。不要抱怨自己的命运不好,要想创造奇迹,必须敢想敢做,不要被思维所束缚,不要被困难所吓倒,及时抓住身边的每一个机会。你抓住了,它就是你的。如果你坐视各种机遇从眼前闪过,抱怨“没有机会”,留给你的只有生命的萎缩、命运的无奈。

每个人都有手脚,但不是每个人都有行动,也不是每个行动都能抢到机会,机遇的得来是需要以艰辛的付出为前提,你付出的越多,越有把握抓住机遇。当机会出现时,你就会比别人更早地迈出第一步,这样你就能稳稳地把握机遇,保持领先。

7. 得心应手,做自己擅长的事

美国内华达州的一所中学在入学考试时出了这么一个题目:比尔·盖茨的办公桌有 5 个带锁的抽屉,分别贴着财富、兴趣、幸福、荣誉、成功 5 个标签,盖茨总是只带 1 把钥匙,而把其他的 4 把锁在抽屉里,请问盖茨带的是哪一把钥匙?其他的4把锁在哪1个或哪几个抽屉里?

在新入学的学生中,有一位刚到美国的中国学生,看到这个题后,一下慌了手脚,因为他不知道这到底是一道语文题还是一道数学题,结果把这道题空了下来。考试结束后,这个中国学生去问该校的一名理事。理事告诉他,那是一道智能测试题,内容不在书本上,也没有标准答案,每个人都可根据自己的理解自由地回答,但是老师有权根据他的观点给一个分数。

老师在这道题上给了中国学生5分。老师认为,他没答一个字,至少说明他是诚实的,凭这一点应该给一半的分数。让中国学生不能理解的是,他的美国同桌回答了这个题目,却只得了1分。同桌的答案是:盖茨带的是财富抽屉上的钥匙,其他的钥匙都锁在这个抽屉里。

后来,那位美国同桌写信向比尔·盖茨请教答案。比尔·盖茨在回信中写了这么一句话:“在最感兴趣的事物上,隐藏着你人生的秘密。”

什么意思呢?比尔·盖茨告诉这位同学,要做自己感兴趣的、最擅长的事,不是自己擅长的事,做了也是白费工夫。比尔·盖茨还有一句名言,也是说的这个道理。他说:“我之所以能够取得今天的成就,与我从小就喜欢电脑是分不开的。回想起来,我不过是选择了自己喜欢做的事,爱做的事。”

事实正是如此,微软公司创立时,只有比尔·盖茨和艾伦两个人,他们最大的长处是编程技术和法律经验。他俩以此成功地奠定了自己在IT产业的坚实基础。在以后的20多年里,他们一直不改初衷,“顽固”地在软件领域耕耘,任凭信息产业和经济环境风云变幻,从来没有考虑过涉足其他领域。结果他们有了今天这样的成就。

比尔·盖茨的同行、百度创始人李彦宏对此也深有同感。2008年4月初,他曾在上海交大的一个“创新与创业大讲堂”报告会上,谈起自己的创业体会时说:“百度始终没有去做其他事情,不管那些事情多么赚钱。短信曾经非常赚钱,游戏到现在仍然非常赚钱,门户可以做得非常大,我们都没有去做。因为我的理想并不在那些领域,我喜欢的东西是通过我的技术让更多的人更容易地获得信息;作为一个工程师出身的创业者,我希望把自己的技术运用到社会上去,让更多的人从中获得收益。这么多年来,我之所以在大家看来没走什么弯路,很重要的原因就是我只是做自己理想中喜欢的并且擅长的事。”

我们虽然无法企及比尔·盖茨或李彦宏的高度,但是对他们的说法却深有感受。我们在工作中往往无法回避这样一个事实:同样一份工作,同样一个时机,有的员工喜欢做、擅长做这件事,他能在工作中得心应手,有的员工不喜欢做、也不擅长做这件事,于是工作中他会忙得焦头烂额,还毫无成绩可言。

中国有句古语:“鹤善舞而不能耕,牛善耕而不能舞,物性然也。”不管是动物还是人,都有各自的缺点,也都有各自擅长的领域,要选择自己擅长的领域,才能得心应手。违背了事物的规律,“牛之舞”和“鹤之耕”,是不会取得良好的效果的。

这是一个英雄辈出的时代,一些人之所以成为英雄,正在于他们都是在做自己最擅长的事,都是在拿自己的长处和别人的短处比较。他们本来是普通的常人,但因为在某一点上超过了所有人,因而获得了成功。恰恰相反,我们中的大多数人却仅仅是凭着一腔热情,在自己的短处上拼命努力,盲目地与别人一争短长,结果可想而知,怎么能在如此激烈的竞争中胜出呢?

一个人能否成功,涉及很多因素,比如机遇、环境、心态、努力、工作等等,关键看他能否找到自身优势所在,最大限度地发挥自身优势。研究发现,人类有 400 多种优势,只有 25%的人找到了自己的优势,他们成功了,另外 75%的人,不知道自己擅长什么,没有找到适合自己的职业和领域,所以终生一事无成。

既然人人都有优势存在,那么我们究竟最擅长做什么呢?这与个人的性格脾气、才情禀赋都有直接的关系。要想做成一番事业,就必须对自己有一个正确的认识,这是最起码的要求。只要平时留心,不难从自己的生活和工作中发现一丝蛛丝马迹,进而找到自己最得心应手的那件事情。

比如,你擅长交际,可以去做业务;你喜欢创新,可以搞一些有利于提高效率的小发明;你的文学功底了得,不如找份文字工作。总之,发现自己的长处,对于选择什么样的道路具有重要的意义。这样可以尽量避免盲目地进入一个自己并不适合的领域,或者在一个并不具备任何优势的位置上浪费太多的时间。

周雪峰毕业于国内一家知名医学院，进入某大型国有企业担任一名医疗器材工程师，负责各大医院医疗器材技术指导，也算是专业对口。经过两年的工作，小周发现自己越来越与工作格格不入。原来，他经常需要到全国各地出差，很喜欢与人交往，对于技术活倒是提不起任何兴趣。而作为一名优秀的工程师，更需要一种平和安静的性情和严肃认真的作风。这些都是小周所缺少的。

虽然工作上没出过什么大问题，但是也没有什么大的起色，这让小周干得很没意思。认识到这一点，小周果断地放弃了工程师的工作，找了一份做销售的工作。在新的公司里，小周如鱼得水，很快取得了成绩，拥有了自己的一份事业。

在自己擅长的领域，找到一个最佳的位置，充分发挥自己所长，坚持不懈地做下去，我们就一定能够有所突破、有所成就。

然而，很多人无法选择自己的工作岗位，也不喜欢自己当前的工作，又该怎么办呢？没关系，人类有 400 多种优势，你不擅长当前的工作，可以在工作中寻找你擅长的点，只要你用心寻找，总是能找到的。工作不需要你在所有的方面都超过别人，只要你能够在某一方面、甚至是某一个点上超过别人，就已经很了不起了。

人无完人，我们无须不断地弥补自己的短处，而是要悉心经营自己的长处。只有发现了自己在工作中的某处优势，才能事半功倍；只有发现了自己的优势，才能获得更大的成长空间。不要为你的工作而苦恼，在工作中寻找一些自己感兴趣的点吧，将自身的优势发挥到极致，它可以弥补你在其他点上的损失。

8.

察言观色,职场必备技能

俗话说:“出门观天色,进门看脸色。”察言观色是职场交往的一个重要技巧。人与人的交流,既要靠语言,也要靠身体的姿势、脸上的表情,还要靠一些手势等等。言辞能透露出一个人的品格,表情眼神能让我们窥测他人的内心,衣着、坐姿、手势也会在毫无知觉之中出卖它们的主人。体味他人语言背后的滋味,观察对方面部表情的含义,这就是察言观色的本意。

人际交往中,对他人的言语、表情、手势、动作以及看似不经意的行为有较为敏锐细致的观察,是掌握对方意图的先决条件。正所谓,测得风向才能使好舵。如果你认为这是让你看他人的脸色行事,也可以说是,但绝不是那种人人都讨厌的见风使舵、“墙头草”,察言观色不是让你阿谀奉承,而是在合适的时候,说合适的话,表达出自己真实的想法,不是为了迎合某个人的想法,专门和其保持一致的发声。

能够洞悉一个人的心情、情绪,还有习惯,可以在工作中提前对某件事做出合理的安排。比如,在老板心情不好的时候,你去找老板谈费用报销的事,本来是正常的流程,费用额度也没超限,但就是因为你选的不是时候,老板可能大手一挥,让你回去仔细核对一下,这件事没有办成,完全在于老板的心情不好,而办不成。可见,我们在工作中处理同一件事情时,处理的时机和策略不对,会产生不同的效果。

如果你想在职场生存,必须做对事,察言观色是你做对事的必备技能。会察言观色的人,能把每件事情都处理得妥妥当当。当领导和同事都满意了,他们也会为你的理解、懂事而对你心存好感,这是一个给自己加分的机会,何乐而不为呢?

在清朝,有一个寒窗苦读10年的秀才凭自己的实力过五关斩六将中了举，当上了县令。读书人很讲礼节，上任第一天，这位县令就去拜见自己的上司。

初次见面，新县令没当过官，对上司也不了解，一时想不出该说什么话。沉默了一会儿，他忽然问道："大人尊姓大名？"

上司很意外，也很吃惊，心想：这家伙明显是没话找话说。县令勉强回答了。

接着，新县令又不说话了，开始低头思考，想了很久，蹦出一句："百家姓里面好像没有大人的姓啊。"

上司更加觉得不可思议，脸上已经露出不满之色，说："我是旗人。你不知道吗？"

新县令一听，这下可好，终于找到话题了，突然站起来，说："可否请教大人是哪一旗的？"

上司回答说："正红旗。"

新县令得意地说："正黄旗最好，大人怎么不在正黄旗呢？"

一听新县令的话，不管修养多高的人也忍不住要动怒了，上司勃然大怒，反问道："你是哪一省的人？"

新县令对于上司的怒容毫无察觉，答："广西。"

上司说："广东最好，你为什么不在广东？"

新县令吃了一惊，这才发现上司已满脸怒气，赶快起身告辞。

碰到这种不识趣的下属，哪个领导都不会给他好果子吃的。如果他将这种不识趣、不听风、不观色的愚笨表现在工作中，怎么能把工作做好呢？

智者知道"变则通，通则久"的处世哲理和交际哲学，而愚者却往往以自我为出发点，毫不顾及他人的内心想法和情绪，结果将事情搞得一团糟。如果不涉及实质性的问题，对方大度的话，还可以原谅你，要是损害了公司或他人的利益，估计你只能卷铺盖走人了！

职场有很多假像，要想办对事，说对话，必须学会察言观色。例如和上司打交道时，对其眼手的观察，能够让我们洞悉其内心：

上司说话时不抬头，不看人，说明一种不良的征兆：轻视下属，认为此人无能。

上司从上往下看人，说明他有优越感，好支配人、高傲自负。

上司久久地盯住下属看，表明他在等待更多的信息，他对下级的印象尚不完整。

上司友好和坦率地看着下属，或有时对下属眨眨眼，表示对下属能力的认可。

上司的目光锐利，表情不变，代表着一种权力，同时也在向下属示意：你别想欺骗我，我能看透你的心思。

上司偶尔往上扫一眼，与下属的目光相遇后又向下看，如果多次这样做，可以肯定你的上司对你的想法并不完全了解。

上司向室内凝视着，不时微微点头，这是非常糟糕的信号，它表示上司要下属完全服从，下属所说的一切都不会起任何作用的。

上司双手合掌，从上往下压，身体起平衡作用，表示和缓、平静。

上司双手叉腰，肘弯向外撑，这是好发命令者的一种传统人体语言。

上司拍拍下属的肩膀，表示对下属的承认和赏识。

上司手指并拢，双手构成金字塔形状，指尖对着前方，一定要驳回对方的示意。

如何察言观色，是一个长期积累的职场经验，随着你接触形形色色人的增多，你的职场阅历增加，你的察言观色的功力也会不断增强，当你一接触就知道这个人是个什么样的人，看一眼就能知道他心情好、心情不好的时候，你的功力就到了炉火纯青的地步了，那时，你再处理起什么事情来，就会得心应手了。这个时候，你在别人的眼中不但是个工作能力出色，又是一个特别会理解人，善解人意，什么事情都处理得滴水不漏的人了。

说到底，察言观色并不是什么高深莫测的东西，就是人对外界信息的筛选和判断能力。职场本来就是一个复杂的场所，每天都有意想不到的事情发生，每个人都会有心情不好、情绪不高、心烦意乱的时候，在这种时候，他们都渴望别人的理解、尊重，甚至支持，不但同事需要，领导也需要。如果你能够很好地洞悉他人意图，进而随机应变地做出反应，就自然更容易得到别人的称道和赞许，更容易在职场中获得机会。

9.

与时俱进，紧跟企业发展的步伐

当今社会，企业和个人处境同样困难，都面临着恶劣的竞争环境，不进则退。很多企业为了生存，寻求不断的变革，然而在前进的过程中，企业往往受制于员工。企业在改变，员工没有改变，万般无奈之下，企业只好辞退那些跟不上步伐的员工，重新寻找适合于企业的员工。

特别是一些企业老员工、在企业发展过程中做出过贡献的员工，他们是最容易落伍的员工，他们总是倚老卖老、以功臣自居，以为自己的技术永远不会过时，以为自己为企业作出过成绩，企业就要永远记住他们。现实是残酷的，企业是员工的平台，如果有一天企业不能生存下去了，过去的一切丰功伟绩都会成为“神马”“浮云”。因此，员工必须将自己的命运与企业的命运紧密地联系在一起，紧跟企业发展的步伐。在企业发展的过程中，只要你掉队了，不管你曾经多么优秀，为企业做过多大的贡献，同样面临着被淘汰的命运。

老李一肚子的墨水，写得一手好文章，为人处世八面玲珑，他善于察言观色，更长于溜须拍马，曾经是老总面前的大红人。

老李的公司是国营单位，他可谓是公司的元老，从 18 岁职高毕业就到公司工作，至今已经有 20 年的工龄。20 年来，他从一员普通的营业员一步步升到部门主管的位置。4 年前，老李被调到了经理办公室。这是后勤部门，虽然收入不如一线，但工作时间朝九晚五，工作量小，对于公司这样的安排，老李倒也没有什么意见。调到经理办公室不到一年，办公室主任退休了，凭借丰富的经验和深厚的资历，老李顺理成章地接管了经理办公室，一切顺风顺水。

可是，最近两年由于公司业绩不好，上面也加大了改革的步伐，老李也感到了办公室里的事务明显多了，工作越来越吃力，但他总觉得自己是公司的元老，不管怎么改革，自己照样能捞个一官半职。

公司上市重组的消息来得突然，董事会大刀阔斧地调整领导班子，让公司上下措手不及。老李眼睁睁地看着决策层大换血，第一次感到岌岌可危。不过，高层并没有把中层和基层干部一下子都换掉，而是开设了外语和电脑培训班，利用晚上的时间，聘请外面的讲师给公司员工讲课。

老李是职高学历，一是学历不高，二是年纪也大，突然让他学习，特别是学英语，一时有些赶鸭子上架似的态势，他怎么也说不出口，听力更是差强人意。电脑这东西，老李平时也只用它玩游戏，去上了几堂课，始终是懵懵懂懂，他发现自己真的不是那块材料，最后索性不再去上课。当别的同事积极参加培训班、进修充电的时候，老李却回家看电视去了。

几个月后，中层管理人员竞聘上岗，老李被刷了下来，被安排去当了一名营业员。辛辛苦苦 20 年，一夜回到最底线，老李吃不了那份苦，也放不下面子，只好离职另谋出路了。

竞争就是适者生存，劣者淘汰。在多元化的时代，不能与时俱进，适应时代的变化，就会惨遭淘汰。职场如战场，不进则退。企业要的不是感情和留恋，要的是实力，想有一个“铁饭碗”，首先要有一个好心态，眼要尖，手要快，腿要勤，跟上企业的步伐。

什么事物都不是一成不变的，身在职场要及时做好自我评估，正确分析环境条件的特点、环境的发展变化情况、自己与环境的关系、自己在这个环境中的地位、环境对自己提出的要求，以及环境对自己的有利条件与不利条件等等，对自己的职业目标作出新的调整。只有适应了企业的变化，跟上企业的步伐，你才能在新的环境中有晋升、发展的机会。

冯鸿昌是厦门港务集团海天集装箱有限公司工程部维修班班长。18 岁那年，冯鸿昌从技校毕业，来到了企业。他发现自己对港口大型装卸设备一窍不通，当时就寝食不安。怎么办？

一定要跟得上企业的步伐。白天，他跟着师傅学，不懂就问；晚上，他借着宿舍的灯光，钻研大量的维修书籍。业余时间，他报名参加了厦门市高级技工学校高职班，还经常从工资中拿出大部分钱去参加各种学习和培训。

当时厦门海天码头处于刚起步阶段，设备故障率高居不下，冯鸿昌随叫随到，最高纪录为连续工作20个小时。凭借着这种不怕苦、不怕累的学习劲头，冯鸿昌终于跟上了企业的步伐，掌握了各种设备的操作程序。

1999年，公司引进了许多新的设备。冯鸿昌又开始研究这些新设备了，可是这次他傻眼了，因为这些技术资料多为英文版，对于只有职高学历的他来说，简直就是“天书”。冯鸿昌一咬牙，拿出半个月的工资买了一个“文曲星”，对着图纸，一字一句地注释下来。一些专业英语他搞不清楚的，就虚心地向班组的技术员请教。经过一段时间的努力，冯鸿昌整理出了一份完整的设备维修资料。公司领导看了资料后，又惊又喜，决定就让他负责柴油机的大修工作。

2001年，冯鸿昌以优秀的成绩取得了国家劳动和社会保障部计算机辅助设计操作员及证书，自己也从“学徒工”迅速成长为“技术状元”。经过多年的努力学习和实践锻炼，他取得了高级钳工的职业资格，通过了厦门市高技能人才的认定，被确认为工人技师。

2004年5月，冯鸿昌身负重任，代表公司到某外资设备国内制造厂监造价值高达6000万元的8台龙门吊。他驻扎在厂家，每天到制造装配现场对每一道主要工序进行严格的监控。

面对冯鸿昌提出的意见，外籍工程师给出了这样的答复：“我们的机器质量享誉世界，你这么改不行。”

这一下冯鸿昌急了，他说：“如果不改，会影响到我们公司的生产，这么贵的机器发挥不出应有的能力，钱不是在打水漂了？”

为了确认自己的判断，冯鸿昌上百次通过电话、邮件向公司技术团队请教，并整理了一条条清晰、缜密的意见。他甚至自己动手调试起了设备，动作规范到位。外籍工程师被折服了，根据他提出的意见全部做了整改。交货之前，负责调试的外籍工程师拍着他的肩膀，用不太流利的中文说："小伙子，好样的，看来中国不仅有现代化的港口，更有掌握现代港口技术的工人。"

作为一名生产一线的农民工，冯鸿昌工作10多年，积极融入企业的发展，企业发展，他也进步，一贯保持着勤奋好学、刻苦钻研、积极向上、自强不息的精神，紧跟企业发展的步伐，从没有落后企业半步，成长为厦门港口战线建设者的典范。

员工的职业目标需要借助于企业来实现，其职业计划必须要在为企业目标奋斗的过程中才能实现。离开企业这个平台，就没有个人的职业发展。在企业前进的过程中，你紧随企业步伐的同时，你相应也在进步。

一名优秀的员工都会将企业看作是人生成功的跳板，当你的高度低于跳板时，又怎么能起跳呢？不管你如何有才华，跳板都将挡住老板们的眼光，你永远都不会得到提拔。要想跳得更高、跳得更远，你必须时刻处于企业的"跳板"之上。

第四章　口耳并重，以演讲家的睿智完善工作

我们都非常羡慕那些激情澎湃的演讲家，从两千多年前古希腊的苏格拉底到今天的美国总统奥巴马，他们的经典演讲出尽风头，甚至有时候影响了历史的进程。不过在现实工作中，很多人“台下”能力出众，“台上”却不知所云，还有人口若悬河，毫无重点，根本不懂说话的艺术。孔子说“讷于言而敏于行”，能言还需善听，口耳并重，才能完善工作。

1. 能说会道，助你职场如鱼得水

在中国历史上，有很多能言善辩的人士，昔日诸葛亮凭借自己的“三寸不烂之舌”，在东吴舌战群儒，建立了联吴抗曹的统一战线，最后致使号称“八十万大军”的曹兵，几乎全部葬身于滔滔长江之中。春秋战国时期郑国的大臣烛之武更是不费一兵一卒，说退强大的秦国大军。这是什么样的威力？这就是会说话的威力！无怪乎，南北朝时期的刘勰在其名著《文心雕龙》里这样感叹：“一人之辩重于九鼎之宝，三寸之舌强于百万之师。”

口才作为一项人的基本技能，在人际交往中的重要性已经被人们所共识，它不仅起到传递信息的作用，还能够体现一个人的修养、知识和魅力等，掌握能说会道的方法和技巧，也是职场人士成功的利器。

职场如战场，人与人之间的关系微妙，有时候一句话可以化干戈为玉

帛,也可以让朋友变成仇人,可以功败垂成,更可以改变人生。如我们开心时,往往得意忘形,不知所言;受到委屈时,又不计后果地妄自菲薄;大多数的时候,保持沉默寡言。正因为说话的原因,职场上我们经常会看到这样一个有趣的现象:默默无语、不善言谈的人多数是企业普通职员,嘴巴很甜的人多数成为公司中低层管理员,能说会道的人却是企业中高层。可见,"嘴巴不甜,话不会说"是阻碍职场人士走向成功的一个重要障碍。

能说会道能助你在职场中如鱼得水,到处受人欢迎:能够使许多素不相识的人携起手来,成为朋友;能够为他人排忧解难,消除疑虑和误会;能够安抚他人烦闷的心灵,从而帮助别人勇敢地面对现实;能够鼓励悲观厌世的人,使其微笑着迎接新生活;甚至能在危难之中挽救自己的性命。

俗话说"伴君如伴虎",过去的大官可不好当,尤其在皇帝身边当官,说不定哪一天哪一句话说错了,就有掉脑袋的危险。因此,在皇帝身边做事,必须口舌功夫了得。大学者纪晓岚就是其中的一位。

天下人都知道纪晓岚学识渊博,能言善辩,机智敏捷,他的上司乾隆皇帝自然也有耳闻。不过,当皇帝的一般都很自负,他们可不想听说有人比自己还强。于是,乾隆皇帝就想找个机会整整这个纪晓岚。

有一天,乾隆皇帝把纪晓岚叫来,对他说:"纪晓岚,我问你,何为忠孝呀?"

纪晓岚不知皇帝葫芦里卖的什么药,老老实实地回答:"君叫臣死,臣不得不死,为忠;父叫子亡,子不得不亡,为孝。合起来,就叫忠孝。"

纪晓岚这一回答,正好着了乾隆皇帝的道儿,他乐了,接过话来:"好,朕赐你一死。"

纪晓岚当时就愣了,顿时明白了皇帝的目的,就是想着方法整自己呗!这可如何是好,皇帝金口一开,绝无戏言,纪晓岚只怪自己不小心,谢主隆恩,三拜九叩,然后走了。

乾隆皇帝冥思苦想:"纪晓岚接下来会怎么办呢?他不死,回来就是欺君之罪;可要是死了,也太可惜了,自己手下便少了一个栋梁之材呀！”当然，乾隆皇帝不相信纪晓岚会让自己轻易死掉的，必定会有什么办法来解救自己。于是，皇帝静观其变。

一会儿工夫，纪晓岚气喘吁吁地跑回来了，扑通一声，跪在了皇帝面前。乾隆皇帝装作很严肃地说：“大胆，纪晓岚！朕不是赐你一死了吗？为什么你又跑回来啦？”

纪晓岚煞有其事地说：“皇上，臣去死了，我准备跳河自杀，正要跳河，屈原突然从河里出来了，他怒气冲冲地说，你小子真浑蛋，当年我投汨罗江自杀，是因为楚怀王昏庸无道；而当今皇上皇恩浩荡，贤明豁达，你怎么能死呢？我一听，就回来了。”

乾隆皇帝一听笑了，心想：这下可好，屈原出来说话了，让纪晓岚去死吧，我就是昏庸无道；可是让他活着吧，自己的面子又下不了台。最后，乾隆皇帝不得不自我解围说：“好一个纪晓岚，既然屈原都不让你死，那你还是活着吧！”

亏得纪晓岚能言善辩，换作一个口笨舌拙的人，岂不是要白白丢掉自己的性命。可见，职场上会说话的价值确实不可低估。

那么，我们应该怎么说呢？俗语说，“良言一句三冬暖”。职场上没有人不喜欢听“甜言蜜语”，平时不妨对同事、领导嘴巴甜一点，舌头巧一点，多一句问候，多一点建议，或许使降至冰点的人际关系多些暖意，令良好的人际关系锦上添花，或许还能成为同事和领导的焦点。

再者，你还得掌握一些说话上的技巧。比如你得知一件非常重要的项目出了问题，如果立刻冲到上司的办公室里报告这个坏消息，就算不干你的事，上司也会质疑你处理危机的能力，弄不好还惹来一顿骂，你会莫名其妙地成为“冤大头”，碰到这样的情况，你应该以不带任何情绪起伏的声调、从容不迫地对上司说：“我们似乎碰到了一些状况。”这样会让上司觉得事情并非无法解决，上司可以从这句话中明显地感到你将与上司站在同一阵线，并肩作战。

还有，我们在工作中很多时候会遇到那种想拒绝却又不知道怎么拒绝的事情，这时你可以明确地告诉对方：“我知道你所说的这件事很重要，我们能不能先看看手头上的工作，把最重要的排出个优先顺序。”这样回答既强调了你明白这件任务的重要性，又不着痕迹地让对方知道你的工作量其实很重，若非你不可的话，有些事就得延后处理或转交他人。

口才的好坏与说话的技巧有着很大的关系，同样的一个问题，一句话能让人笑，一句话也能让人跳。如何把握这些技巧，需要每个员工在职场上多观察，更重要的是多学习。古人说“腹有诗书气自华”，当你肚子里有了知识，能够多角度地分析问题，说出来的话有说服力，别人又怎么不信服呢？想当年诸葛亮在隆中苦读27载，才有了后来舌战群儒之功。因此，知识面不够宽广，就算口才学得再好，技巧掌握得再多，也是无法说服别人的。

语言是思想的外化，你的思想缜密，语言才能够准确，说出来的话也就头头是道，能够说服人；你的思想灵敏，语言自然幽默、机智，妙趣横生，能够感染人。那种职场上不学无术的油腔滑调、油嘴滑舌者，算不上好口才，一次可以糊弄，时间久了，大家都会觉得他说话不着边际，只会夸夸其谈。这不是真正的能说会道。只有那种以丰富的知识为坚强的后盾，能够给人以力量、愉悦之感的谈话，才是真正的好口才。

职场是一个讲实力的地方，如果你有熟练的技能和辛勤工作的态度，再加上能说会道的特长，你就可以在紧要关头化险为夷，在人际交往中事事如意，在商战中左右逢源，在处理棘手事务时得心应手，从而可以轻松地搞定上司，得到同事的尊重，赢得与他人宝贵的合作机遇，你在职场如鱼得水，你的事业也将锦上添花，一帆风顺。

2. 表达明确，搭建心与心的桥梁

人与人之间、人与群体之间的思想与感情并不是相通的，为了寻求思想达成一致和感情的畅通，必须存在沟能，语言交流则是沟通的主要方式。

也许很多人提起说话都会不屑一顾："说话，谁不会。"可是为什么工作中总是会出现这样的情况：你说的，与下属所做的事情南辕北辙呢？你可能会说："对方没有领悟能力。"反过来，上司说的与你做的截然相反，又是怎么回事呢？你可能还会有理由："那是上司没有说清楚。"暂且不论对与错，从这一点可以说明：说话只是人的本能，如何说得让对方明白，并不是一件容易的事。

想让双方都满意，最简单、最直白的沟通方式就是表达明确。每个人都有既定的立场和想法，双方都不可能完全明白对方在想什么，要想达成共识，就应多站在对方的立场想问题，主动将自己的想法表达清楚，以便对方作出正确的回应，唯有将心比心，才能让沟通顺畅起来，否则鸡同鸭讲，也只有各说各话了，这种表达不明确的沟通，不仅达不到效果，还会适得其反，引发误会。

一天，一个业务员好不容易约到了跟进很久的客户，两人到饭店吃饭，他们点完菜后，筷子还没有上来。业务员就再找给他们点菜的服务员，让她拿筷子，而那个服务员由于离得很远，加之饭店里比较嘈杂，她没有听清。

两人点的菜陆续上来了，筷子依然没有拿来。这时饭店里的客人比较多，服务员都很忙，负责他们点菜的服务员是刚进城里打工者，对于城里的节奏还没有适应，一时也没有反应过来。业务员生怕怠慢了客户，他把服务员叫来，生气地说："你是不是要给我拿个盆来呀，我是不是要洗洗手呀。"服务员一愣，看了看业务员半明不白地走了。过了一会儿，这个服务员果真拿了一个很小的盆，里边装满了水，来到了他们的面前，说："先生，水来了。"

这下，业务员更生气了，直接把服务员大骂了一通，很气愤地说："你还真想让我洗手呀，让我用手来吃饭呀。我要的是筷子。菜都上来了，筷子到现在还没上来。你还想不想干了。"

等服务员把筷子拿上来后，业务员的客户却起身推辞走了，业务员万般无奈，只得一个人郁闷地享用一桌子的菜。后来，业务员的单子也"黄了"。业务员一直想弄明白问题出在哪里。终于有一天，客户告诉了他："吃饭时要一双筷子这样的小问题你都表述不清，我怎么能对你放心呢？"

故事看到这里，我们不禁为这位业务员感到惋惜，如果他直接对服务员说："请把筷子拿给我们。"如果那位服务员不能马上把筷子拿给他们，他是不是可以找其他的服务员很客气地说明要筷子呢？可是问题是，他并没有直接说他想要什么，而是以一种婉转的方式说他想要什么，这个服务员并没有听明白他的意思，从而产生了误解。一场误会毁了一笔生意。这就是沟通的问题。

沟通是双向的，如果我们能把话说明白，那么对方是不是就能听明白我们要表达的意思？难就难在怎么才算"把话说明白"，不能把这个问题搞清楚，我们在与人沟通时还会面临着这样或那样的问题。在与人沟通时，有时我们觉得是把话说明白了，但是对方并没有明白；有时我们觉得自己已经按照对方能听明白的方式来表达我们的意思，但对方的理解跟我们所要表达的意思却大相径庭，这些都是没有把话说"明白"。

之所以不容易把话说明白，是因为我们自己长期浸染在一种知识与信息中，觉得一切都是很明白的，不在乎其他人明不明白，也不会去征询大家明白与否，但是我们缺乏对于他人的认识，不能体会其他人在他们的领域与角度对于我们熟悉事物的理解困难，从而造成了沟通的误区。

这个时候，我们需要学会换位思考，要站在对方的角度来听自己说给对方的话。如果对方这样跟我说话，我是不是能听明白呢？只有当对方真正听明白我们要表达的意思时，沟通才是有效的。

为了让自己的表达更明确，对方更容易听懂我们所说的话，在表达的过程中，我们可以掌握一些表达技巧：为了说明一件事情时，可以找一个对方感兴趣的话题作为切入点，可能会吸引对方的注意力；可以引用对方熟悉的典故与经验来比喻；用讲故事的方式，构成一个有声有色的场景，让对方更容易领会；问答化，把冗长的道理用自问自答或者设问争答的方式来处理，问答法比较容易把话题口头化，也比较容易引起大家的注意。

其实，把话说清楚、说明白，是心与心的交流。人心隔肚皮，心的交流需要通过语言交流来实现，如果我们能够站在对方的角度想问题，就能说出别人能听懂的话，自然能够拉近双方的关系，就如同给两颗心之间搭起了一座桥梁。这才是沟通的真正目的。

3. 放弃借口，找对方法

很多职场人士的嘴都在传达着一个负面的消息，他们的嘴除了说话外，还时刻准备着为自己的主人在工作中的失误和失败寻找理由，即借口。

这些人为了在工作中博得领导的欢心、增加接触的机会、达到某种目的、得到某种实惠、融洽某种关系；或者是要将大事化小、小事化了，把关系或者事情处理得圆滑而又稳妥，避免无谓的矛盾、冲突，以便息事宁人；或者想将本来属于自己的、无关痛痒的、不大不小的责任，推卸得一干二净，等等，这些情况下，他们就需要通过借口，来实现自己的愿望或者逃避自己的责任。

借口的背后意味着“我不行”，也“不想去努力”。长此以往，因为有各种各样的借口可找，人就会疏于努力，不再是想方设法争取成功，而是把大量时间和精力放在如何寻找一个更合适的借口上，从而形成一种不良的习惯。这种不良习惯一旦形成，就可能成为放任纵容自己的理由，成为扼杀自己能力、摧残自己潜力、麻痹毁灭自己的“毒品”。

这天，陈建军上班又迟到了。经理很不高兴，随口问他迟到的原因。陈建军回答：“地铁出故障了，我等了好一会儿才开。”

经理早知道他会找好借口，只是这些不影响业绩的小事，他不想追究罢了。要说陈建军也算是经理的师傅，刚到公司时就是陈建军带着他做事，几年过去了，徒弟成了师傅的上司，这个师傅的毛病确实太多了，不是念在师徒关系上，经理早让陈建军走人了。

陈建军刚坐下不久,经理就来到他的面前,问:“销售回款表呢?”这个表是昨天早上经理让陈建军做的,打算今天开会用。昨天他没有做完,晚上又忙着约会,把表格抛在脑后,本来打算今天早上早点上班好完成,结果起床晚了,还迟到,经理交代的任务也没完成。

陈建军脑子一转,随口便说:“昨天加班太晚了,没做完,就带回家做,结果家里网线断了……”

没等他说完,经理大声对他吼道:“我不想听你解释,这次是断网,上次是停电,上上次是你侄女到北京,你要去接站。你哪次都有理由,知道为什么你在现在的位置上一直升不上来吗?就是你的借口太多了。”

职场借口无处不在,解释一次还行,解释多了,真的理由看起来也像借口,何况本来就是借口?你最初找借口,为了不做什么,拒绝什么,又不想得罪人。久而久之,你屡试不爽,众人就会口口相传,或心照不宣:你是个不靠谱的人,不值得信任的人。于是,没有人敢委你以重任,你不知道会失去什么样的机会,也不知道那些机会原本会给你的人生带来多大的改变。

工作就像爬山,当你在上山的途中遇到困难时,可以很容易地找到下山的借口,诸如天气不好、身体不适、鞋子磨脚等等,半途而废是一件再简单不过的事情。可是,你想想,你爬山的目的是干什么,不就是为了登上山顶,看看山下的风景吗?借口能让你完成这个任务吗?借口只会让你中途退缩,达不到目标,完成不了任务。

借口是一个糟糕的理由,说了也没有人相信,还不如不说。工作出现失误,如果真是事出有因,一般都能得到他人的原谅。如果件件都有原因,那只能说明你的工作态度有问题,或者你根本就不适合做这项工作。与其花费心思为自己找借口出力不讨好,还不如找出对工作的正确方法。这个远比借口实用。

1997 年 7 月,初中毕业的四川小伙子胡闻俊应聘到地产大亨潘石屹的公司成为一名发单员，底薪 300 元，不包吃住，发出的单做成了生意，才有提成。

上班第一天，潘石屹讲了很多鼓励大家的话，其中一句“不找借口找方法，胜任才是硬道理”让这名初来乍到的小伙子印象深刻。

胡闻俊每天劲头十足，每天早晨 6 点出门，晚上 12 点还在路边发宣传单。他拼命地干了 3 个月，发出去的单子最多，反馈的信息也最多，却没做成一单生意。为了给自己打气，他把老板告诉他的那句“不找借口找方法，胜任才是硬道理”写在卡片上，随时提醒自己。

付出终有回报，胡闻俊的业务渐渐多起来，公司把他从发单员提拔为业务员。当时，公司销售的楼盘是位于北京市西三环的高档写字楼，每平方米价值 2000 美元。这种高档房，每卖出一套，提成丰厚。年轻人很高兴，以为马上就能做出成绩。然而，两个月过去，他一套房都没有卖出去。

有一天，一名客户主动找上门，胡闻俊喜忧参半，喜的是终于有客户，忧的是不知该如何跟客户谈。他脸憋得通红，手心直冒汗，除了简单地介绍楼盘的情况外，不知道再讲些什么，只能木木地看着对方。结果，这笔单没谈成。

胡闻俊开始寻找自己的不足之处，苦练沟通技巧，主动跟街上的行人说话，介绍楼盘。两个月后，他的说话能力提高了很多。慢慢地，他也能卖几套房子了，但是仍然属于业务员里比较差的。

这时，公司采取末位淘汰制，胡闻俊一下就处在了被淘汰的边缘。他深刻地意识到，要胜任就必须找到好方法。因此，当经验丰富的业务员跟客户交流时，他就坐在旁边认真地听，看他们如何介绍楼盘，如何拉近与客户的距离。他还买了很多关于营销技巧的书来学习，他学会了如何把握客户的心理、判断客户的需求和实力，每次与客户交谈时他都能做到有针对性。于是，他的业绩开始稳步上升。

通过一次次的找方法，胡闻俊的业绩不断上升，后来竟然在公司排名第一。按照公司规定,销售业绩进入前五名者可以竞选销售副总监,他决定试试。结果,他成功了。由于缺乏管理经验,他带领的销售组排在最后一名,他在副总监“宝座”上还没坐热,就被撤了。以往被撤销副总监职位的人,大多选择离开,因为他们觉得再也没有颜面当一名普通销售员。但胡闻俊却想,自己被淘汰,完全是因为自己还不胜任,从哪里跌倒,我就从哪里爬起来。

重做业务员后,他调整心态,和从前一样拼命工作。不久,他又拿到全公司第一,再次竞选当上销售副总监。这一次,他一上任就开始精心培训手下的员工,将自己的经验毫无保留地传授给他们。结果,他的组取得很好的成绩。此后,胡闻俊所带团队的业绩一直名列前茅,他个人的收入每年都达到百万以上。

从很多成功人士身上,我们不难发现一个共同的规律:他们往往是最重视找方法的人,他们不相信借口,认为凡事都有解决方法。有了这种想法,他们才能像胡闻俊一样取得成功。

我们要理性地对待工作,不要试图把时间和精力花费在寻找借口上,不要尝试用一个错误去掩饰另外一个错误,不要害怕主动认错会“伤害”自己,知耻而后勇。失败了也好,做错了也罢,无论怎样再巧妙的借口都不如检讨自己来得实惠。用寻找借口的工夫去仔细地想一想,实事求是地分析研究下一步究竟该怎样去做,这对自己的职场人生更有好处。

失败的人找借口,成功的人找方法。面对工作上的困难和失败,只有两条路可以选择:一条路,退回去,就此偃旗息鼓,选择这条路可以有成百上千个借口,但没有成功;另一条路,走过去,即使一路坎坷,也要咬紧牙关,这条路上不允许有任何借口的存在,找对方法你就能成功。

4.

避重就轻，别出卖自己和他人

办公之余，同事之间互相在一起闲谈是一件很正常的事情。没事了，吹吹牛皮，讲个笑话，侃侃大山，是可以理解的。但是，千万不要事事都抱着虚心学习的态度打破砂锅问到底，本来别人是在那里讲笑话，你非追着人家盘问个没完，让人觉得你很无趣。因此，在任何场合下闲谈时，说话要注意分寸，不求事事清楚，说话要适可而止，这样同事们才会乐意接收你。

另外，你还必须坚守同事的隐私。某个同事将你视为朋友，将个人的私密向你全盘托出。如果你将这个同事的私密曝光，不用说，她一定认定你出卖了他。被出卖的同事会在心里不止一千遍地骂你，并为以前付出的友情和信赖悔恨。因而，不随便泄露个人隐私是稳固职业友情的基础，假如这一点做不好，恐怕没有哪个同事敢和你开诚布公，也不可能有人敢拿你当朋友了，你将成为同事圈里最孤独的一个人。

个人有个人的隐私，同样的，任何一个企业也都有属于自己的秘密。在每个企业里，很多信息都是有商业价值的。这些商业机密关系到企业的成败，一旦泄露，轻则会使公司的工作被动，带来不必要的损失；重则会给企业造成极大的伤害，造成不可挽回的影响。与泄露同事的隐私相比，泄露公司的秘密更为严重，甚至会受到法律的追究。

工作之外，朋友或者同行聚在一起，大家总会不知不觉地聊到工作的情况，有些人出于关心，有些人则是居心叵测，想从你的口中得知一些客户情况、商业机密，如果你疏于防范，很容易中了他人的圈套，不仅出卖了自己，还泄露了公司的秘密。在这种情况下，你们的谈话最好是避重就轻，可以说一下职场上无伤大雅的喜闻乐见之事，切不可与一个不太熟悉的人在工作方面做深入探讨。

小兵与小创是大学同学，毕业后，小兵在一家计算机软件公司做程序员，是公司的业务骨干。小创在另外一家同类公司做市场。两人所在的公司都在开发同一种前景广阔的办公室应用软件，是最大的竞争对手。

一个偶然的机会，小创得知小兵是这个项目的核心人物时，心中大喜，计上心来。在一次同学聚会上，两人谈过去，谈人生，谈工作，谈得十分高兴。被灌得找不着北的小兵在小创步步引导下，将公司的绝密资料和盘托出。

酒醒后，小兵根本不记得当时的情况了，继续着自己的工作。不久，正当小兵的研究快取得成功时，小创所在的公司却捷足先登，小兵一下子蒙了，这下可好，巨额研发费用化为泡影。看着满商场的同类产品，小兵慢慢想起了那晚醉酒的情况，气得浑身发抖，羞愧难当地离开了公司。

为了得到新公司的重用，小兵将很多涉及原公司技术材料作为向新老板的“见面礼”。当小兵奉送上自己的“见面礼”以后，原以为十拿九稳能得到重用，不料，却在第二天被委婉告知：一个不能为原公司守密的人是一个不值得信赖的人！

由于商业机密泄露，小兵不仅让原来的公司蒙受了很大损失，也因此上了业内许多公司的“黑名单”，这使他追悔莫及。

如果说从原公司辞职，是小兵大意泄露了公司的秘密，可悲的是，小兵在离开公司后不仅没有接受教训，还明知故犯，这就是中国人最忌恨的“吃里扒外”。在一家公司里，很多信息都是有商业价值的，必须严防死守，所以一个成熟的职业人的一条基本素质就是，不该你知道的，就绝对不要去打听；已经知道的，就要守口如瓶。

然而，这个社会到处充满着诱惑，随时有可能让一个人背叛自己信守的情感、道德和工作准则。有个别员工为了一己私利，无视公司的利益，将公司的商业机密出卖给别人。还有个别企业员工对企业内部需要保密的情报不够重视，或故意泄密来换取金钱，或因掌握商业机密而跳槽到竞争对手那里，造成企业知识产权资本的流失，影响了企业竞争优势的保持。不管你是有意的还是无意的，只要泄露了机密，就会给公司带来不可预料的损失,都会受到法律的追究。

为了不给竞争对手以可乘之机,让自己立于不败之地,很多公司会在员工入职时,与员工签订一份保密协议。保密协议可以与劳动合同签在一起,也可以单独签订。不同性质的企业制定保密协议的具体内容各异,但要求大致相同,那就是要求员工无论在任职期间或是离职以后,都要保守公司的技术秘密和其他商业秘密,等等。保密协议是员工的职业承诺,是员工对公司的一项基本责任和义务,更是衡量员工职业道德和职业操守的重要标准。

作为员工与人闲谈时,要尽量避免谈论工作内容等实质性的东西,特别是与竞争对手接触时,更应将谈话内容限制在适当的范围内,不要讨论定价政策、合同条款、成本、存货、营销与产品计划、生产计划与生产能力等内容,同时避免讨论其他任何可能会引起联想的信息或机密。即使公司的保密规章、制度没有规定或者有规定不明确之处,员工也应本着谨慎、诚实的态度,采取任何必要、合理的措施,维护其承诺有保密义务的技术秘密或其他商业秘密信息,以保持其机密性。

一个保守秘密的人,才值得他人的依赖。别人很难相信,一个不能为公司守密的员工会得到公司的重任。对于那些泄露公司秘密的员工,任何一个老板一旦碰到,不管其动机如何,都会坚决予以辞退,甚至使用法律手段来维护自己和公司的利益。泄露公司秘密的人不仅尊严全无,还会受到他人的鄙夷。

管好自己的嘴,守住他人和公司的秘密,是一个自律的员工应该具备的基本素质。员工在职场一定要做到"三不":不该说的一定不说,不该问的一定不问,不该看的一定不看。即便在家人和亲朋好友面前,也应避免谈及公司的事情,更不能透露公司的商业机密。当对方询问有关公司的事情时,应该采取避重就轻的回答方式。这样,你才能值得同事和公司的信赖。

5. 一诺千金，信守你说的每一句话

中国人信守承诺，从古至今，关于诚信的名言非常多，例如“君子一言，驷马难追”、“人而无信，不知其可”、“言必信，行必果”等等。关于诚信的例子更是数不胜数，例如“季布一诺千金”、“商鞅立木为信”等等。

诚信是做人的标准，是一种美德，即使是在当今社会，人无信而不立，业无信而不兴，诚信依然是一个人成功的必备要素。在我们的身边，每天都有诚信的故事在发生，每天都有人为坚守诚信的理念在努力。

在南京汉江路上，有一家营业了11年的理发店“秀作发型坊”。这家门面很普通、店内装饰也简单，店门玻璃上贴着4个字：“诚信十年”。

“秀作发型坊”是马玉剑夫妇开的。在这十几年的时间里，街上前前后后开过十几家理发店，坚持到最后的只有这一家。马玉剑对此很是自豪，他觉得，“诚信十年”几个字，最能概括其中的原因。

17岁时，马玉剑离开了安徽滁州老家来到南京打工。1998年他和妻子姜士红结婚，2001年8月，小夫妻俩在汉江路上开办了这个“秀作发型坊”，做理发生意。马玉剑做生意有自己的原则：“我不偷、不骗，光明正大地做生意。”马玉剑从来不劝生意、不劝办卡。

后来，老客户多了，大家都觉得办卡用起来方便，于是马玉剑夫妇就给一些自愿办卡的人办了卡。最贵的一张卡400元，最便宜的只有100元。面对市面上动辄上千元的储值卡，马玉剑一点没动过心思，他认为：“400元对于一家来说，够用一年了。”如果只是一个人剪发，马玉剑会劝他们只办100元或200

元的卡。因为马玉剑的诚信经营，11年来，这家装修不起眼的小店，拥有了众多忠实的客户。

可是，命运的不幸降临到这个好人的头上。2012年10月底，马玉剑被查出了患有晚期肺癌。最崩溃的几天过去了，马玉剑平静了许多，他开始着手办一些“必须做的事”。头一件事，就是把自家理发店储值卡里的钱，退给客人。

正是处处花钱的时候，妻子对丈夫的行为有些不理解。马玉剑认为有两个原因必须让他这样做：“第一，我一辈子做事没亏待过人；第二，我不想人家认为，我是为这点钱逃走的。”听他这么一说，妻子也就想通了。

11月初，在几乎搬空的小店玻璃门外，店主贴出了通知：“秀作在11月10日、11日两天办理退卡，请互相转告，谢谢。”居民们开始只觉得奇怪，当得知事情原委后，感动得直想流泪。

退卡那天，马玉剑本想一大早就去店里的，但天气实在太冷，咳得厉害，因此下午才来到店里。从下午到晚上，马玉剑一共退了十几张卡，共几千元钱。客人们看着心疼，很多人都发出了感慨：“能如此诚实地做人，实在太不容易。”前来的大部分老客都自愿放弃了退款。后来，还有2000多元“没退出去”，客人不要。对此，马玉剑心中有说不出的滋味。

马玉剑生前最大的愿望是：“我不想离开这个世界的时候，还欠别人东西。”

诚信的人受人尊重。人无信不立，一旦失去诚信，你的人生就将面临失败。正如美国科学家富兰克林所说：“失足，你可以马上恢复站立；失信，你也许永难挽回。”没有人会喜欢一个“言过其实”的人，更没有人会重用一个信口开河的人。

你想想看，领导或同事在交付某人一项重要的工作时，往往都是建立在信任的前提下。他们心中认定自己所托付之人一定能够完成任务，因而委以重任，这是一种难得的信任。如果对方为了获得某种利益，在领导或同事面前夸下海口，可当利益得到后或承诺无法兑现的时候，就开始推诿找借口。这种小伎俩可以欺骗别人一次、两次，但如果次数多了，迟早是露馅。最终，他们不但会失去利益，甚至还可能会因此而身败名裂。

工作中很多时候可能是出于热情或好心去帮助别人，但是一旦获得别人的信任，却做不到，这样有可能浪费别人的时间或打乱别人的计划，反而给人留下不好的印象，得不偿失。因此，答应别人的事情一定要慎重。我们的许诺让别人相信了，就必须行动，若仅仅是试试看，没有达到目的，其结果同样是失信于人，又何必承诺呢？

职场上最忌讳不负责任的承诺。作为领导，若是许下承诺却又无法兑现，就会因失信于人而难以服众，很难继续开展工作；作为员工，若是接受了任务却又无法完成，就会因此而失去老板的信任，最后无法受到重用。

荀子说："口能言之，身能行之，国宝也。"讲信用，必须做到言行一致。所谓"言"，就是说话一定要有信用，这是做人的根本，是正人。所谓"行"，就是做事一定要有结果，善始善终，不要半途而废，这是做事的尺度，是正事。可见，"言必信，行必果"，是做人做事的准则。

身在职场，我们一定要严守信用，不食言，对自己所说的话要承担责任和义务，要取信于人。讲信用之人让人敬佩，背信弃义者会让人唾弃。所以，对于自己根本做不到的事，不要轻易许诺；在作承诺之前要慎重，要三思而后行；若是给了别人承诺，就要千方百计、不遗余力地去兑现。坚持诚信，最终的结果会让你获得良好的信誉，这对你来说可是千金难买的最为重要的资产。

6. 投其所好，真诚而坦率地赞美他人

人性的弱点决定了人的耳朵不能容纳忠言，同时经不住恭维。每个人的内心都渴望得到别人的赞美和肯定，当一个人听到别人的恭维话时，

心中会非常高兴，脸上堆满笑容，明知对方所讲的是恭维话，却还是无法抹去心中的那份喜悦。

如果你的赞美正好可以满足对方的需求，那么也是对方实现自我价值的一种方式，当对方高兴了，他也会反过来重视你，得到恭维的人是不会放着你的难题不管的。所以，在职场中不要吝啬你的赞美。真诚而坦率地赞美他人，不仅能使你轻松地处于有利地位，甚至还有力挽狂澜的神奇功效。

李涛是一家大型企业的经理助理，他行事小心，态度谦和，经常在工作中赞美一些同事或下属，上下级关系处理得特别好。

一次会议上，公司总经理给下面的部门经理讲了一大通经商之道，在座的各个部门经理听得津津有味。这时，一个部门经理想拍一下总经理的“马屁”，他称赞道：“您在企业工作真是一个错误的选择，如果您专门研究经营管理，我相信您一定会成为商务管理的专家，会有更加突出的成果问世。”

总经理听完部门经理的一番话，马上收住脸上的笑容，不满地说：“你的意思是说我不适合做公司的总经理，只能另谋他职了？”

见总经理产生了误解，本来想给总经理“戴高帽”的部门经理吓得头冒虚汗，连忙解释说：“不，不，我不是这个意思，我是说……”部门经理一慌张，一时不知道说什么了。

还是李涛反应快，替部门经理解了围，李涛说：“部门经理意思是说您是个多才多艺的人，不仅本职工作抓得好，其他方面也非常出色。”

总经理听李涛这么一说，笑容又溢满了脸，高兴地说：“看看，还是小李会说话。”

事后，部门经理对李涛感激不尽，更是多次在总经理面前夸他的长处。总经理对李涛也是十分认可，经过一段时间的观察，便将李涛提升为部门经理。

懂得怎样欣赏他人不仅非常有用，而且能获得他人的尊重，从而提高自己的威望。因为赞美是把自己的谦恭展现给人的一种礼貌的方式，聪明的人都明白这个道理，他们总能够在合适的场合自如地运用赞美的技能，从而提高自己的威望，建立良好的人际关系，这正是他们的聪明之处。

赞美不等于奉承，恭维不等于谄媚。对他人的赞美与恭维是发自内心的、真诚的、自然而然的善意行为，不需要你绞尽脑汁，处心积虑，只要是优点、是长处，对他人和自己有利，你就可以毫无顾忌地表达你的赞美之情。不论是领导还是同事，他们都需要从别人的评价中，了解自己的成就以及在别人心目中的地位。当人受到称赞时，他们的自尊心会得到满足，并对称赞者产生好感。

但是，你也应掌握一些其中的奥秘，千万别像以上案例中的那位部门经理，即使他的话是真诚的，也会变好事为坏事。所以，开口前，一定要掌握一些赞美的技巧。

赞美要因人而异。人的素质有高低之分，年龄有长幼之别，因人而异，突出个性，有特点的赞美比一般化的赞美能收到更好的效果。年纪大的人总希望别人不忘记他“想当年”的业绩与雄风，同其交谈时，可多称赞他引以为自豪的过去；对年轻人不妨语气稍为夸张地赞扬他的创造才能和开拓精神，并举出几点实例证明他的确能够前程似锦；对于老板，可称赞他头脑灵活，生财有道。当然，赞美既然是真诚的，这一切还是要依据事实，切不可虚夸。

真诚地赞美对他人和自己都很重要，如果你无根无据、虚情假意地赞美别人，对方不仅会感到莫名其妙，更会觉得你油嘴滑舌、诡诈虚伪。如果你实事求是，真诚地赞美他人，你的心理上也会产生愉悦，同时还能经常发现别人的优点，从而使自己对人生持有乐观、欣赏的态度。

对他人的赞美要切入实际，不要总是含糊其辞地赞美对方，说一些“你太棒了”、“你是一位卓越的领导”、“你就是我的偶像”等空泛飘浮的话语。这些话语不仅不会引不起对方对你的重视，还可能产生不必要的误解和信任危机。事实上，工作中人们有非常显著成绩的时候并不多见，对他人的赞美应从具体的事件入手，善于发现别人哪怕是最微小的长处，并不失时机地予以赞美。你赞美用语愈翔实具体，说明你对对方愈了解，对他的长处和成绩愈看重，这会让对方感到你的真挚、亲切和可信，能够拉近你们之间的距离。

赞美他人还要合乎时宜，相机行事，适可而止，别过了头让人无所谓，也不能浅尝辄止，让人觉得你不够真诚。如果你的赞美能够做到“雪中送炭”，那是再好不过了，这样会让人对你的印象更加深刻。

除了语言赞美外，有时，投以赞许的目光、做一个夸奖的手势、送一个友好的微笑也能收到意想不到的效果。

总之，职场上人人都有优点，寻找别人的长处，并加以褒扬，这并不是一个困难的事。很多意想不到的机会都来自于你真诚地对他人的欣赏和赞美，因为你在他们最需要的时候给予了他们精神上的支持。

7. 谨言慎行，不学杨修小聪明

《三国演义》人物众多，作者对杨修这个人的描写虽然简短，却给后人留下了深刻的印象。杨修原是魏国丞相曹操的行军主簿，他博学多才，文思敏捷，智识过人，却不为曹操所喜欢，最终还被曹操所忌杀。杨修被杀的原因是什么呢？

《三国演义》第七十二回“诸葛亮智取汉中，曹阿瞒兵退斜谷”中，作者罗贯中记录了导致杨修被杀的几件事。

一次，曹操到后花园去观光，突然感觉这个园子太大了，随手在门上写了一个“活”字，工匠们一时蒙了，不知何意。偏偏这杨修又要耍小聪明，说门内添一个“活”是个“阔”字，丞相是想说这所园子过于宏伟。于是，他擅自让人改造了一番，虽然经过改造后的园子正合曹操的心意，却让曹操对杨修多了几分提防，认为他不是一个等闲之辈。

还有一次，有人给曹操送来一盒精美的食品，曹操顺便在上面写了“一盒酥”三个字，写完后便因事离开了房中。此时，正好杨修与几位大臣来曹操房中议事，杨修喜欢耍小聪明的毛病又上来了，便自作聪明地拿着勺子一人一勺给分吃了。曹操问他是何原因，杨修说，丞相不是写了“一盒酥”吗？这三个字一拆开，就是“一人一口酥”，于是，我们就按丞相的意思给分吃了。曹操虽然面带笑容地夸奖杨修，但是心中对此人却是无比的讨厌。

第三次，杨修的小聪明，让曹操产生了除去他的想法。曹操积怨甚多，他非常害怕在自己睡着的时候，有人来行刺。于是，他便对自己身边的人说，在他睡着的时候，最好不要靠近他的床，因为他有梦中杀人的习惯。一天夜里，曹操睡着了，被子掉在了床下，一个门前的侍卫见状，便前去为他捡起被子盖上，这时，曹操突然一跃而起，杀了那名侍卫，然后又睡了。醒来后，曹操故作惊讶地问，这是怎么回事？他身边的随从回答说，那名侍卫是被丞相梦中所杀。听到这话以后，曹操故作叹息地轻叹了一口气，然后说道：“我喜欢梦中杀人，却没有想到，这次竟把自己的贴身侍卫给杀了。”随后，他便吩咐道，今后在他睡着的时候，任何人都不要靠近他。于是，很多人都认为是曹操在睡梦中，误杀了身边的侍卫，只有杨修知道曹操多疑的心思，并一语道破天机。侍卫下葬时，杨修指着他说：“不是曹丞相在睡梦中，而是你在梦中啊！”

杨修的几次小聪明惹怒了曹操，如果事情到此为止，杨修也会平安无事，可是他自以为是的毛病并非一日所成，终究还会继续犯的。

曹操出兵汉中进攻刘备，困于斜谷界口，欲要进兵，又被马超拒守，欲收兵回朝，又恐被蜀兵耻笑，心中犹豫不决，正碰上厨师敬献鸡汤。曹操见碗中有鸡肋，因而有感于怀。这时，夏侯惇入帐，禀请夜间口号。曹操随口答道：“鸡肋，鸡肋！”于是，“鸡肋”成为了口令。杨修见传“鸡肋”二字，便教随行军士收拾行装，准备归程。众人不解，杨修说：“从今夜的号令来看，便可以知道魏王不久便要退兵回国，鸡肋，吃起来没有肉，丢了又可惜。

现在，进兵不能胜利，退兵又恐人耻笑，在这里没有益处，不如早日回去，明日魏王必然班师还朝。所以先行收拾行装，免得临走时慌乱。”于是，军寨中的诸位将领准备回去的事物。曹操得知这个情况后，传唤杨修，杨修用鸡肋的意义回答。曹操大怒：“你怎么敢造谣生事，动乱军心！”便喝令刀斧手将杨修推出去斩了，将他的头颅挂于辕门之外。

古人有训：“君子善断，小人善猜。”依汉代官制，杨修官至主簿，主要负责文书起草、掌管印鉴、参与机要、总领府事，类似现在的高层秘书工作。秘书最重要的一点就是要谨言慎行，而杨修自恃聪明，一次又一次地猜测上司的意图，总是卖弄自己的小聪明，多嘴多舌，不仅不尊重曹操，最后更是涉及军情，曹操岂有不杀他之理。

除了杨修，国外也有一位仁兄，由于自己的多言，落得丧命的下场。

1825年，沙皇尼古拉一世平定了一场自由分子领导的叛乱。自由分子的领袖李列耶夫被判死刑。当绞刑开始时，李列耶夫在一阵挣扎之后，绳索断裂了，他猛然摔落在地上。当时的贵族还很迷信，类似这样的事情会被当成是天意，犯人通常会得到赦免。

正在执刑官正不知所措时，李列耶夫站了起来，向着人群大喊：“你看，他们甚至连制造绳索也不会。”

一名信使立刻前往宫殿报告绞刑失败的消息，并向沙皇汇报了李列耶夫所讲的话。听到这样的话，沙皇说：“那么，让我们来证明事实相反。”

第二天，李列耶夫再度被推上绞刑台。这一次绳索没有断裂。

杨修、李列耶夫的教训对于职场人士来说，无疑具有很好的借鉴作用。在当代职场中，“杨修现象”也是屡见不鲜。但是像杨修一样耍小聪明、管不住自己嘴的大有人在，这些错误虽然不至于像杨修、李列耶夫一样丧命，却足以断送自己的职业生涯。

言多必失，你应该明白，如果想要用言语震慑别人，你说得越多，就越显得平庸，而且越不能掌控大局。特别是当你耍小聪明时，对现实中自我的认识和评价超估，以至形成虚妄的判定，显得过度自信，很容易导致“聪明反被聪明误”，你说得越多，就越有可能说出愚蠢的话。

人与人之间，难免会有冲突和矛盾的产生，即使嘴巴和舌头不小心都会咬到，何况人是有脾气、有个性的。有人因言而招祸，有人因言而成功，一句话放在不同人的嘴上，会产生不同效果，有人舌灿莲花，有人口出恶言。可见，谨言慎行者可以使职场上的人际关系较为和谐。

与人沟通并不是一件容易的事，虽然每个人都有嘴巴，但不是每个人都能善用语言。那么，如何才能避免职场中的“杨修现象”呢？

1. 知者不言，言者不知。老子云：“知者不言，言者不知。”过多地揣测甚至张扬卖弄，不仅会让人觉得浮夸和不可靠，还会让他人产生反感情绪和戒心，不利于个人职场人际的发展。所以，在职场中，人们应谦虚好学，注重知识的积累，不求速成。

2. 推测有据，言之有理。孔子说：“所信者目也，而目犹不可信；所恃者心也，而心犹不足恃。”孔子说眼耳都不可信，任何判断与决策，都要有准确的信息支持，而准确的信息显然不是靠听别人说或者自己到现场去看，这些信息必须基于事实，抓住事物的本质，有理有据。

3. 三缄其口，沉默为金。汉朝刘向在《说苑·敬慎》中说：“无多言，多言多败。”要学会三缄其口，不要过多地参与决策，一方面锋芒过露，会引起上司的戒备，不利于职场的发展；另一方面个体无法负担起决策失误的后果，即使需要做出决策的判断，也应慎言慎行。

“酒香也怕巷子深”，你很聪明，适当地在工作中展示自己的聪明才干是必要的，但是要掌握时机，其余大部分时间还是要本分地做好本职工作，过多的小聪明只能陷自己于灾难之中。

记住：话一旦出了口，就无法收回。控制你的言语，提高你的情商，千万别让你的小聪明和那张管不住的嘴毁了自己前程。

8. 竖起耳朵，会说话首先要会听话

销售行业有一条规律：一般人在与别人交谈时，大多数时间都是他在讲话，或者他尽可能地想自己说话。大部分业务员在推销产品时，70%的时间是他在讲话或介绍产品，顾客只能得到 30%的讲话时间，这样的业务员业绩平平；还有一小部分业务员听和说的比例正好相反，70%的时间让顾客讲话，自己倾听，30%的时间用来发问、赞美和鼓励顾客说话，这些都是业务顶尖的业务员。

人都有两只耳朵一张嘴，耳朵是用来听话的，嘴是用来说话的，有趣的是：要是有一个谈话的机会，大多数人的耳朵都不太爱听别人讲话，而是喜欢别人听他说话。结果，往往是你说你的，我说我的，双方不欢而散，更有人因此而耽误了工资的上涨、职位的升迁。

小王是一个售楼小姐，虽然没有靓丽的外形，但是她口齿伶俐，思维敏捷。她的销售业绩从来都不比别人差。当听说公司要选拔一批优秀的销售人员进入管理部门时，小王认为自己志在必得。

有一次，一位客户看中的本来是隔壁楼盘的房子，但从与他的交谈中，小王了解到客户的兴趣爱好，便绞尽脑汁地为客户解释着各式样板房跟他兴趣的联系。整整一上午，小王一个人滔滔不绝地向这位客户介绍新楼盘，也许被她所营造的美妙意境感染了，客户答应可以考虑一下这里的楼盘。小王很高兴，据以往经验，这一单是可以拿下的。

第二天，那位客户又来了，同来的还有他的妻子，妻子看上去是个很精明能干的女人。小王一眼就看出了夫妻两人谁说话分量重，异常亲切地对那个女客户滔滔不绝地介绍起来。她从交通位置一直说到小孩读书，女客户好几次张口说："我们就想看看……"没等女客户说完，小王又推出了最新出盘的田园别墅。最后，那个女客户打断了她的话："还让不让人说话了？我们不看了！"这下把口齿伶俐的小王弄蒙了，心想："这是怎么啦？不是说得好好的吗？难道我说错话了？"

最终，那对夫妇还是在小王所在的房产公司买了房，而且就是小王向他们推荐的那套，不过是另外一位售楼小组小崔谈下的。

这件事发生后，小王锐气挫伤不少。可她就是想不明白，做销售的最讲究的不就是口才吗？最让她搞不懂的是，小崔的销售成绩一直没她好，最近业绩开始直线上升，这个月居然与她一样了。

还好，小王是一个聪明的姑娘，也知道学习。她开始有意观察小崔，发现小崔接待顾客时不像自己那样滔滔不绝，这完全不符合一个销售人员的标准。但是，小崔能做到微笑着倾听顾客的要求，能在顾客提出问题时给出最中肯的建议，设身处地为顾客着想。这让小王心存敬意，又有点不服。

由于小王和小崔的业绩在公司最好，进入管理层就成为她们两人之间的竞争。

这天，小王接待了一位客户，很精明，对楼盘的折扣及以后的物业情况都打听得非常详细。凭经验，小王吃准他是真心想买房的。在她的推介下，客户看好了一套房子。可就在客户要交付定金时，小王拿签单给销售经理过目，恰好小崔也在一旁，她"啊呀"一声叫了出来："小王，这套房子昨天已交定金了，是我签的。"小王忙去翻销售记录，确实已出售。这下，客户不依了，要去找经理。

事情闹到经理那儿，经理与小王、顾客商量决定，给客房换一套同样的房子，打个几千块钱的折扣。客户高兴了，小王郁闷了，几千元的差价要从小王的奖金里面扣。

小王极其不愿意，经理有些不耐烦了，斥责她说："光会动嘴皮子有什么用？昨晚的销售情况汇报你没听到吗？耳朵干什么去了？”

是呀，耳朵干什么去了？当时自己刚滔滔不绝地向同事“传授”完销售经验，哪注意到别人的销售业绩呢？现在想想，小王后悔莫及，幸亏经理给自己及时提了个醒。想到这里，小王豁然开朗，奖金虽然扣得让她心疼，但她觉得“值”，因为她刚才很用心地听见销售经理说的一句话：“作为一名销售人员，不光要有灵巧的嘴，更应该把耳朵竖起来。听清了别人的话，你才会说。”

世界上的难事之一便是闭上嘴巴，如果你想成为一名会说话的人，成为左右逢源的人，成为最受欢迎的人，那么，建议你在和别人，尤其是和客户谈话时，注意把好的机会留给对方，让他说，说他关心的事。假如你不竖起耳朵，不适时地闭上嘴巴，你就会失去无数机会。切记，千万不要太忙于说话，要想把话说得更准确、更有说服力，首先要学会用耳朵“听话”。这不仅仅是小王的教训，也是更多的职场人士应该明白的道理。

听对方说话时，你最好看起来是在专心地听，而且要让对方看得见，这样能让对方感觉到你对他的真诚。虽然很多人常常说一些不值得一听的废话，但是若此时你听得目光呆滞、看起来一副漠不关心的样子，对方也会从你的眼神和表情中看出你的不屑，当你对他失去兴趣的时候，他也会对你失去兴趣。如此一来，即使你说得天花乱坠，你们的谈话也没有任何意义。

学会听话是一种态度，是一种个人的修养。你不一定能从每一句话中得到你需要的信息，你的认真倾听，给了说话者足够的重视，这是对他人的尊重。首先你要尊重他人，他人才能尊重你。特别是一些求人办事或者做销售的人士，更应该注意这一点。

人的主观自我意识都很强，都想让别人听我说，换位思考一下，别人也是这么想的，如果我有一个问题告诉你，你听了，我会觉得心情很轻松，因为你认同了我的观点。其实，你什么也没有做，也什么都不需要做，只是知道我是怎么想的。倾听是不是比说话简单多啦？

很多人招人烦，主要原因就在于，他们只知道用嘴而不知道用耳朵。当他们夸夸其谈不顾别人的谈话时，他们显然不会抓住重点。想想那些优秀的同事或领导，你会发现，当你想更多地与这些人谈话时，他们总是在倾听，他们给你和其他人以讲话的机会，这就是他们成功的原因之一。

耳朵不是摆设，千万不要让你的耳朵"度假"，嘴巴"加班"。只有最大限度地同时利用耳朵和嘴巴，提高自己的倾听能力的同时，才能提高沟通能力。

9. 善解人意，学会倾听他人的诉说

倾听很重要，先贤孔子在两千年前就曾指出"讷于言而敏于行"。说话谨慎，做事敏捷，关键要学会倾听他人的诉说。

倾听是一种礼貌，是一种尊敬讲话者的表现，是对讲话者的一种高度的赞美，更是对讲话者最好的恭维。倾听能使对方喜欢你，信赖你。那么，如何倾听才能达到最好的效果，拉近彼此的距离呢？

先让我们来看看名人是如何倾听的。

玛丽凯·阿什是玛丽·凯化妆公司的创始人、美国最成功的企业家之一，她的公司目前已拥有20万名员工。倾听，是她坚持的最有效管理手段之一。玛丽经常会专门抽出时间来聆听下属的讲述，并做仔细记录；对他们的建议和意见十分重视，在规定的时间内给予答复；她还让自己的销售部门倾听顾客的意见，很多产品都由于销售部门听取了顾客的建议，按照顾客的需要制作的，所以无须大做广告，节省了很多的广告费用，但产品销路照样很好，企业的效益一直在同行业中居于领先地位。

日本松下公司的创始人松下幸之助创立公司之初，只有3人，他总是愿意倾听大家的意见，随时改进产品，确立新的发展目标。

成功大师戴尔·卡耐基不仅仅是一个会说的人，而且也是一个善于倾听的人。有一次，在一个宴会上，他身边坐着一位植物学家，植物学不是他的研究领域，不过卡耐基一直都很专注地倾听着植物学家跟他谈论的各种有关植物的趣事，对植物学表现出极大的兴趣，几乎没有说什么话。分手时，那位植物学家对别人说，卡耐基先生是一个最有发展前途的谈话家，此人会有大的作为。

从以上几位名人的案例中，我们可以看出，成功者会主动去倾听，对说话者的话题表现出极大的兴趣，仔细做记录，然后对照自己的不足加以改正。他们是“讷于言而敏于行”的忠实执行者。

现在让我们总结一下倾听的形式和技巧：

根据倾听的目的，工作中的倾听大概有这几种：获取信息式倾听，识别他人的思想、寻找支持性材料、联系自我经验寻找要说的内容、相似点和区别；判断式倾听，确定说话者的动机、对观点进行质疑和疑问、把事实从观点中区分出来、承认自己的偏见，最后评价信息；感情移入式倾听，同情、理解说话者的情感，通过倾听让对方找到解决问题的方法；享乐式倾听，为享乐而进行倾听。

倾听的技巧很多，要想让倾听变得高效，可以掌握以下一些方式：

1. 专注和集中注意力，关注说话者内容的完整性，捕捉有趣的内容和要点，让对方感觉到你是在用心地听；

2. 倾听的态度要诚恳，不要表现出冷淡与不耐烦，尽量避免使用让对方分心的手势或举动；

3. 在倾听过程中，对于不同意见和想法，采取换位思考的方法，要尽量接纳对方的意见；

4. 在倾听时记笔记，这样做的好处是：能让对方感觉到被尊重，记下对方说话的重点，便于沟通，防止遗漏；

5. 重复一些对方说话的要点，重新确认，减少误会及误差；

6. 不到万不得已，千万不要打断对方讲话，不插嘴的好处有：能让对方感觉良好，可以让对方多说，保持说话的完整性，以获得更多有用信息；

7. 不要马上接过对方的话题，稍微停顿一下，可以给对方继续说下去的时间，也有利于自己有时间组织语言，让对方觉得你的话可信度比较高；

8. 适时提出问题，要让自己听懂，还要让对方认为你听懂了；

9. 倾听时，不要组织语言，在对方讲话时，你在组织语言就很有可能错过对方讲话的某些内容，造成误解；

10. 倾听过程中，要点头微笑，微笑给人一种似曾相识的感觉，能够拉近双方的距离；

11. 尽量不要发出声音，以免打断或影响到对方讲话；

12. 眼睛要注视对方鼻尖或前额，此举能让对方觉得你的眼神比较柔和，千万不要把眼睛直接盯住对方的眼睛，这样做很不礼貌；

13. 坐定好位置，尽量避免与说话者面对面而坐，坐在对方对面容易让对方有一种对立的感觉。

对于大多数职场人士而言，要想发挥好倾听的力量，获得良好的效果，上述几个方面已经足够使用，只要能够灵活运用就可以了。每个人面对的人和事不一样，倾听的目的也不一样，关键在于选取一种适合自己的方式，前提是你必须知道什么对你最重要。

两个人走在人山人海的广场上，各种嘈杂的声音震耳欲聋。突然，一个人说："我听到了一只蟋蟀的叫声。"

朋友不相信地说："什么？你疯了！在这么吵闹的地方是不可能听到蟋蟀的叫声的。"

"我敢肯定，我真的听到了一只蟋蟀在叫。"他仔细听了一会儿，然后穿过大街，来到一个长着灌木的水泥大花池前，然后很自信地在灌木枝的底下找到了一只蟋蟀。

朋友见状，瞪大双眼，用难以置信的语气说道："你一定有一对超人的耳朵。"

"不，我的耳朵和你的没什么不一样。关键是你在听些什么。"

朋友还是不相信："这是不可能的，在这么吵闹的地方我就听不到蟋蟀的叫声。"

“是的，这倒是真的。这要看什么东西对你来说才是重要的。来，让我做给你看。”

那个找到蟋蟀的人掏出钱包，倒出几枚硬币，然后小心翼翼地扔在人行道上，大街上的吵闹声依旧，然而，他们看到在几米范围内的行人都不约而同地把头转了过来，盯着人行道上叮当作响的硬币，心想：会不会是我掉下来的？

只要你精力集中，善于倾听，总会听到一些对自己有利的信息。

在多数情况下，表达的机会是自己创造的，时机总是有的，而倾听的机会需要别人给，如果你摆出一副心不在焉，或迫不及待地想要说话的样子，别人就不会给你这个机会。如果不会倾听，失去了倾听的机会，你就不可能站在对方的立场上，如果能站在对方的立场上，就没有资格发言，更不可能从中获得对自己工作有利的信息。

俄国作家伏尔泰说：“耳朵是通向心灵的道路。”细心倾听和会倾听的人才能得到他人内心的认可，才能处处受欢迎。

下篇

八小时之外：感性生活享受人生的幸福

第五章　争其必然，寻找属于自己的幸福

幸福是自己争取的。在漫长的人生旅途中，寻找幸福的过程痛苦而快乐，你会感受生活如艳阳高照、鲜花盛开，也会经历夏暑冬寒、风霜雪雨。面对生活中的一些矛盾，我们要敢于抗争，懂得珍惜，点燃希望，勇敢地选择自己的道路，你所付出的回报都将慢慢积累成幸福。有一天，你会发现，幸福其实就在你身边。这是你认真对待生活的一个必然结果。

1. 劳逸结合，平衡工作与生活

在现实生活中，我们为了获得别人的肯定、实现自己的梦想，大多为赚钱而拼命，工作几乎占去了我们生活的全部。我们的生活渐渐开始有点本末倒置，赚钱原本是为了过上我们想要的生活，结果现在我们每天吃饭活着却是为了去更好的工作赚钱。你是不是也发现自己的生活已经悲催地被工作占据了？

工作毕竟不是生活的全部，工作就是为了生活，而是为了更好的生活。当然，认为工作就是兴趣就是实现自我的人除外。可是，当你加班多了，自然给家人的时间少了；上班郁闷了，回家心情不好，脾气就不好，会影响和家人的感情；无休止的加班和没有规律的生活，会影响身体的健康。这些，没人给你埋单。再好的事业，再多的钱，都买不回健康，都换不回感情。

工作对于幸福的生活固然重要，如果你能利用好上班的 8 小时努力工作，一样能取得很好的成就，从来没有哪个老板会要求员工在家里也要加班工作。8 小时之内不能完成的工作，说明你的能力有问题，如果工作走入家庭生活，你的生活平衡必将会被打破，不仅工作干不好，生活还将一团糟。

人的精力是有限的，8 小时的工作已经让人身心疲惫，如果不及时修养、调整，你根本没有精神应付第二天的工作，如此一来容易导致长期疲劳，形成恶性循环，工作是无法取得突破的。千万不要为了博得老板的欢心，自以为是地加班，其实老板是最实际的，他们的眼光盯在效益上，不管你用多少时间，只要创造效益最大化，这样才能博得老板的欢心。

劳逸结合对于幸福的生活是十分重要的，当你结束了一天的工作，你就要转换身份，从工作中解脱出来，用休闲来满足余下的时间，保持工作和生活的平衡。这一方面，我们可以向沙漠中的仙人掌学习。

仙人掌是一种生活在沙漠地区的耐旱植物。在干旱的热带沙漠地区，水分奇缺，不要说人类难以在那里居住，就连其他生物也极其稀少。可是，耗水极省的仙人掌，却被赋予得天独厚的抗旱本领，能够战胜沙漠中的骄阳和热风，把热带沙漠风光点缀得更加壮观美丽。

仙人掌的抗旱能力是惊人的。有人曾做过一个试验：把一棵 37.5 公斤重的仙人掌放在室内，一直不浇水。过了 6 年，那棵仙人掌仍然活着，而且还有 26.5 公斤重。也就是说，经过 6 年时间，它只消耗了 11 公斤水。也曾有人发现，一棵在博物馆里活了 8 年的仙人掌，平均每年因生长而消耗掉的水分，仅占其总储水量的 7%。

仙人掌是怎样节约用水，抵抗干旱的呢？科学家发现，仙人掌为了减少蒸腾的面积，节约水分的“支出”，叶片已经慢慢地退化变成了针状或刺状。绿色扁平的茎也被包裹了一圈角质层，里面还分布着几层坚硬的厚壁组织，这样就有效地防止了水分的散发。为了减少水分蒸发，仙人掌表皮上的下陷气孔只有在夜晚才稍稍张开，这样便大大地降低了蒸腾速度，防止水分从身体里跑掉。

仙人掌的茎长得厚厚的，变成肉质多浆，简直成了一个大水库。如果遇到一次阵雨，那又深又广的根系就拼命吸收，同时茎把输送来的大量水分储存起来，以供常年干旱的需要。在墨西哥，有一种巨柱仙人掌，长得像一根根大柱子，有几十米高，体内能储藏1吨以上的水分，过路人常常砍开仙人掌来解渴。

经过这一加一减，仙人掌就有效地保持了体内的水分平衡，成为沙漠里一道亮丽的风景，给枯寂荒芜的沙漠带去了生命的绿意。

任何无休止的耗损都会导致生命的枯竭，人生也是一样的。难道你不想让人生保持亮丽吗？

美丽的人生需要善待自己，不要让工作影响生活。工作自然要做好，但是工作永远是做不完的。我们完全可以像仙人掌那样，做到一加一减，工作时间就好好工作，提高工作效率，下班后就真正当成自己的时间，好好放松，好好享受生活。只有工作和生活平衡发展，我们的人生才能走得更远。

要想实现工作与生活的平衡，做到劳逸结合，我们必须要管理好自己的时间，抽出时间与家人沟通，为家人做些力所能及的小事，这些都会让我们的生活拥有色彩。

钟彬娴是雅芳全球CEO。有一天，她收到美国前总统布什的邀请，参加在白宫举行的盛大宴会，参加者多为美国企业界的名流。能受到总统的邀请参加宴会在很多人看来是一种荣耀，是梦寐以求的。巧的是这天也是钟彬娴小女儿新学年的第一天，这对女儿来说很重要，女儿希望有妈妈的陪伴。

遇到这样一个两难的选择，怎么办？钟彬娴婉拒了总统的邀请，陪伴女儿度过了她新学年的第一天。她认为："我只是总统邀请的诸多嘉宾中的一个，总统的宴会不会因为我的缺席有什么不同。而对于女儿来说我是唯一的，我的缺席会令她难过。"

人生最重要的意义莫过于保持愉快平和的心态,如果你把心思全放在如何完成工作任务上,就永远不会找到生活的乐趣。千万要记住:高品质的生活,除了工作,还有亲情、爱情、友情、闲适、情趣、爱好等等,不要为了工作而放弃了生活中的这些乐趣。

平衡是在不平衡中寻找的,并不是要颠覆你的生活,而是能够让生活中要求我们给予时间和精力的各个方面都得到适当的满足。每个人都有自己的工作与生活方式,要合理地规划每一天的每一个时间段,喜欢自己的工作,热爱生活和家庭,经常清点一下自己的生活,调整自我,放松自己,好好工作,好好生活。只有做到劳逸结合,工作才会充实而有意义,生活也会丰富而多彩。

2. 乐观向上,用积极的心态对待生活

犹太人有这样的说法:“这世界上卖豆子的人是最快乐的。”为什么这么说呢?因为他们永远不必担心豆子卖不出去。假如他们的豆子卖不完,可以拿回家去磨成豆浆,再拿出来卖给行人。如果豆浆卖不完,可以制成豆腐,豆腐卖不成,变硬了,就当作豆腐干来卖。豆腐干卖不出去的话,就把这些豆腐干腌起来,变成腐乳。

犹太人还有一种选择:把卖不出去的豆子拿回家,加上水让豆子发芽,几天后就可以改卖豆芽。豆芽卖不动,就让它长大些,变成豆苗。如豆苗还是卖不动,再让它长大些,移植到花盆里,当作盆景来卖。如果盆景卖不出去,那么再把它移植到泥土中去,让它生长。几个月后,它结出了许多新豆子。一颗豆子现在变成了上百颗豆子,想想那是多划算的事。

犹太人故事说明一个什么道理呢?一颗豆子在遭遇冷落的时候,都有无数种精彩选择，何况一个人，至少应该比一颗豆子活得更精彩吧！

影响幸福的因素很多，其中最重要的一点就是你能控制心理变化。我们虽然强调心理疾病、性格的不可控制性，但是人还是能够调节的。比如对待卖豆子这件事，你可以向犹太人一样，左右事情向好的一面发展，也可以完全沉湎于痛苦之中。

有一次，在年轻时受到许多磨难的平民艺术家韩美林做客央视《艺术人生》，他说过这样几句话："酸甜苦辣的人生你哪一个也逃不掉，因此我认为咱们应该保持乐观积极的心态去面对它。""在我的眼中，世界是美好的，我的一万件作品，没有一件是悲观的，没有一件是叫苦的，我这一生受过许多苦，但在艺术创作中，我就不悲观，不叫苦。"

乐观积极的人，他的心态就好，心理健康，品行端正，积极向上，一如韩美林。我们都明白，工作如意，事业顺利，家庭美满会产生乐观的心情，但人的一生中不可能万事如意，历经磨难仍能保持乐观的心态则更难能可贵，韩美林这种以乐观积极的心态看待任何事物，坦然面对坎坷的胸襟很值得我们学习。

生活本来就是酸甜苦辣组成的，缺少了某一味，那还能叫生活吗？既然无法逃避，我们不如向犹太人和韩美林一样，选择乐观的态度对待生活。

实际上，无论人生遇到什么样的情况，都会有两种选择，一种是好，一种是坏。同一件事，不同的选择，就会对应不同的结局。关键在于，我们以什么样的眼光，什么样的心态，什么样的视角去对待这件事。

一位刚毕业的大学生，依法被征服兵役，即将到最艰苦也是最危险的海军陆战队去服役。年轻人忧心忡忡。爷爷见到孙子一副魂不守舍的样子，便开导他说："孩子啊，这没什么好担心的。到了海军陆战队，你将会有两个机会，一个是留在内勤部门，一个是分配到外勤部门。如果你分配到了内勤部门，就完全用不着去担惊受怕了。"

年轻人问爷爷："那要是我被分配到了外勤部门呢？"

爷爷说："那同样会有两个机会，一个是留在美国本土，另一个是分配到国外的军事基地。如果你被分配在美国本土，那又有什么好担心的。”

年轻人问:“那么,若是被分配到了国外的基地呢?”

爷爷说:“那也还有两个机会,一个是被分配到和平而友善的国家,另一个是被分配到维和地区。如果把你分配到和平友善的国家,那也是件值得庆幸的好事。”

年轻人问:“爷爷,那要是我不幸被分配到维和地区呢?”

爷爷说:“那同样还有两个机会,一个是安全归来,另一个是不幸负伤。如果你能够安全归来,那担心岂不多余。”

年轻人问:“那要是不幸负伤了呢。”

爷爷说:“你同样拥有两个机会,一个是依然能够保全性命,另一个是完全救治无效。如果尚能保全性命,还担心它干什么呢。”

年轻人再问:“那要是完全救治无效怎么办?”

爷爷说:“还是有两个机会,一个是作为敢于冲锋陷阵的国家英雄而死,一个是唯唯诺诺地躲在后面却不幸遇难。你当然会选择前者,既然会成为英雄,有什么好担心的。”

人生就跟卖豆子的犹太人对待豆子一样,只要心态好,总会有好的选择。如果用乐观旷达、积极向上的心态去看待问题,那么坏的也会变成好的。如果用消极颓废、悲观沮丧的心态去对待问题,好的也会变成是坏的。

保持乐观对人大有好处。研究发现,乐观的人长寿,乐观的人手术之后恢复得特别快,乐观的人感冒之后症状比较轻,乐观的人不容易得抑郁症,这都是它的好处。当然,过于乐观的人也不好,这种人风险管理不足,没有忧患意识。过于乐观有的时候容易失败。所以,要灵活的乐观,灵活的乐观就是弹性的乐观。

“日出东山落西山,愁也一天,乐也一天”,人生中的顺境和逆境交相产生,关键在于我们以怎样的心态去感受,去面对,一天总是要过的,事情总是会发生的,何不乐观地去享受生活的每一天、乐观地对待每一件事情呢?

3.

选择幸福，由别人去说吧

近年来，“幸福”被人说出口的频率越来越高，各式各样的“幸福度排行榜”充斥着各大媒体网站，中央电视台更是做了一期“你幸福吗”的专题采访。幸福是说出来的吗？幸福感可以排名吗？幸福能衡量吗？

如果幸福能说出来，所有的人都可以去说，难道人们就幸福了吗？如果幸福感能排名，你就可以断定北京人比上海人幸福吗？如果幸福能衡量，差什么补什么，真的可以直达到所谓的“幸福尺寸”吗？

幸福是生活所能给予我们的最高奖赏，当我们吟唱理想的时候、当我们追求收入的时候、当我们听别人教导怎样才能幸福的时候，这些好像都不是决定性的因素，只有属于自己的“幸福感”才是真正实在的东西。所谓幸福只是一种感觉，它蕴藏于每一个人心中，因人而异，而且不断地变化着。因此，如何选择，幸不幸福是自己的事，由不得别人评说，千万不要被他人的言论左右了自己的生活。

可是，人是生活在社会的大环境中，自己的生活不可能不被人看见，当十个人中有九个人说你错了，另一个人不赞成也不反对的时候，也许你会犹豫，虽然你的心中最清楚生活的真相，但是你无法面对他人的言论，于是你就开始注重自己在别人眼中的形象，生活变得越来越复杂。

有一点是没有人怀疑的：活着的生活属于自己。既然生活是自己的，为什么把原本属于自己的生活交给了别人的眼睛和口舌，让别人去评判自己生活的幸福与不幸呢？更可恨的是有些人竟然在意别人的感觉，于是在一片迷茫之中迷失了自己，把原本很幸福的生活丢了。

刘言英俊帅气，大专毕业后几经转折，进入一家外企工作。上司是一位与刘言年龄相仿的女孩，不过人家拥有博士学位，能力出众。刘言心里很不服气：一个女孩，还跟自己差不多大小，凭什么当我的上司？他暗暗地在工作上使劲，希望有一天能与上司平起平坐。

有了斗志，刘言工作格外努力，多次受到了上司的夸奖。通过一年的接触，刘言发现上司确实有过人之处，比如她处事公平果断、业务能力极强，刘言慢慢地由不服转为佩服，甚至心中还对她有了好感。女博士上司也喜欢刘言这样的下属，不仅人长得帅气阳光，做事还认真负责。

由于工作上经常接触，两人互相欣赏，最终由同事关系发展成恋人关系。可是，办公室里不能恋爱呀，没办法，女博士比自己的职位高，刘言只好作出牺牲，辞职另找工作。好工作难找，刘言找了几个月才找到一个差不多的工作，不过比起之前的工作待遇，还是有一定的差距。特别是在找工作期间，由于没有经济来源，加上身边有个高收入的女朋友，很多人说他“吃软饭”。还好，两人感情深，相互并不在乎那些流言蜚语。

经过一年的热恋，两人终于结婚了。当初的流言蜚语一直陪伴着刘言，虽然刘言感到生活很幸福，但是一想到一个大男人，工资竟然没有妻子高，心里就憋屈，经过一些人煽风点火，刘言更加困惑了。他开始怀疑自己的生活：难道自己真的幸福吗？

一段时间的痛苦折磨过后，刘言终于忍受不了，向妻子提出了离婚。

“门当户对”、“男尊女卑”在中国封建的传统观念里根深蒂固，然而，时代变了，家庭婚姻观念也应当与时俱进，更何况没有来自夫妻双方之间的任何阻力，为何要在乎别人的看法呢？博士妻怎么了？别人议论纷纷又怎么了？让别人说去吧，天不会塌下来，我走我的路，何必在乎别人的说三道四。妻子是博士，这是你的骄傲；博士嫁给你，是你的福分；大专男与博士妻走到一起，更是一种缘分，更应好好珍惜，好好爱护才对。

选择什么样的生活，是自己的事。意大利文学家但丁的代表作长诗《神曲》有一句人们耳熟能详的话：“走自己的路，让别人去说吧。”没有人比你更了解自己的生活，也没有人比你更清楚你需要什么。

幸福本来就是一种说不清的感觉，有说越有钱越幸福的，有说越有钱越不幸福的，有说房子大才幸福的，有说房子不能太大才幸福。如果你总是在乎别人的意见，只能被他人呼来唤去，离幸福越来越远。

就像法国作家罗曼·罗兰所言："大家都在谈论幸福，而真正懂其含义的人却并不多"。毕竟幸福更多地表现为一种心理感受，这种主观性使其难以得到客观定义和度量。别人眼中所谓的幸福衡量，那是他们标准，并不是自己的幸福。因此，别人的话、别人的标准一切与我们无关。

"走自己的路，让别人说去吧"，我们所应牢牢把握的只是自己的生活，如果一直活在别人的目光中，那么属于我们自己的生活还有多少呢？其实，很多时候只要坚信自己的生活是幸福的，又何必在乎一些庸人的闲言碎语呢？

4.

珍惜婚姻，经营平凡中的爱情

关于婚姻和爱情，有两种著名的说法：17世纪的英国哲学家弗兰西斯·培根说："婚姻是爱情的坟墓。"俄国文学家列夫·托尔斯泰则说："幸福的家庭都是相似的，不幸的家庭各有各的不幸。"结合万千世人的幸福与不幸，你会发现，这两人所说的都有道理。

正因为幸福与不幸相互交织在一起，人们的婚姻观念也在冲撞中不断地变化，相当一部分人颇感困惑、彷徨，甚至难以自拔。他们追寻着婚姻和爱情，却又不明白什么是婚姻和爱情。就连大哲学家柏拉图都深陷于困惑之中。

有一天，柏拉图问老师苏格拉底："老师，什么是爱情？"

苏格拉底没有直接回答他，而是叫他到麦田走一次，不回头地走，在途中摘一棵最好的麦穗，但只可以摘一次。

柏拉图按照老师的话去做了。半天过去了，柏拉图空手而归，垂头丧气地出现在老师跟前，诉说空手而回的原因："很难看见一棵看似不错的，却不知是不是最好，不得已，因为只可以摘一次，只好放弃，再看看有没有更好的，却发现已经走到尽头时，才发觉手上一棵麦穗也没有。"

这时，苏格拉底告诉他："那就是爱情，爱情是一种理想，而且很容易错过。"

又有一天，柏拉图问老师苏格拉底："老师，什么是婚姻？"

苏格拉底还是没有直接回答他的问题，叫他到杉树林走一次，不回头地走，在途中取一棵最好、最适合当圣诞树用的树木，但只可以取一次。柏拉图依旧照老师的话去做了。这次，他没有空手而归，一身疲惫地拖了一棵看起来直挺，翠绿，却有点年月的杉树。

苏格拉底问他："这就是最好的树材吗？"

柏拉图回答："好不容易看见一棵看似不错的，又发现时间体力快不够用了，也不管是不是最好的，所以就拿回来了。"

这时，苏格拉底告诉他："那就是婚姻，婚姻是一种理智，是分析判断，综合平衡的结果。"

苏格拉底50岁时，一个18岁的小姑娘疯狂地爱上了他，最终成了他的妻子。对于这桩不般配的婚姻，许多人都大惑不解。柏拉图终于忍不住了，向苏格拉底打探成功的秘诀："老师，你是用什么方法把小姑娘追到手的？"

苏格拉底老老实实地说："我实在没有工夫去研究这个问题，我只是专心致志地做自己的事。"

柏拉图不相信，继续穷追不舍地问："这么漂亮的姑娘，你不追她，她怎么会爱上你呢？"

苏格拉底抬头望望天空，说："请看看天上的月亮吧，你越是拼命地追她，她越是不让你追上；而当你一心一意地赶自己的路的时候，她却会紧紧地跟着你。"

爱情和婚姻正如穿越麦田和树林，只走一次，不能回头，要找到属于自己最好的麦穗和树，你必须要有莫大的勇气和付出相当的努力。也就是说，婚姻和爱情需要认真经营，经营的重点不是对方，而是你自己。

人人都渴望着得到甜蜜的爱情、美满的婚姻，但是真正能够做到珍惜婚姻和爱情的人却是凤毛麟角。当人们没有爱情时，会时时渴望并且不懈地追求，但是当受到爱情滋润时，人们又以任性和猜疑来驱赶爱情，等到失去爱情时，却又后悔莫及。不要去寻找对方的过错，只要对比一下，追求爱情时的你和失去爱情时的你，就会发现这是两个完全不同的你。

世上为爱而痴狂的人何止万千，但是又有几个人能长久地拥有爱情呢？原因在于：只有真心相爱的人才能享受爱情的甜蜜，但并不是所有相爱的人都能珍惜彼此之间的爱情并且享用终生。

一对恋人，曾经爱得刻骨铭心，在经历了风花雪月和山盟海誓之后，两人终于步入婚姻的殿堂。

婚礼前夕，新娘向未婚夫提出一个要求："今天我们彼此相爱，也许在某一天，我们就会相互厌烦。如果真有那么一天，在我离开你之前，我必须带走我认为最珍贵的任何东西。"

未婚夫认为爱人的要求莫名其妙，而且没有任何意义，因为他相信自己永远都不会有舍弃爱人的那一天。姑娘却坚持让未婚夫答应自己的要求，并让他写下保证。

婚后，二人的生活还算幸福。接下来的几年中，两人有了孩子，事业也有了发展，生活本来可以变得更加美满和幸福了，但事实却并非如此。

原来，两人在一心追求财富的过程中，已经忽视了彼此之间的情感交流，他们常常因为生活琐事而互相埋怨，轻则恶语相向，严重时甚至互相厮打。到了后来，他们彼此都感到筋疲力尽了。终于有一天，当彼此间的怒火都爆发之后，丈夫对着自己的妻子说："咱们离婚吧，你带上你认为最珍贵的东西走吧！"

听到丈夫的话之后，妻子惊呆了，几年前的要求，自己都快忘记了，丈夫却还记得。妻子突然间感到两人之间很陌生了，她开始静下心来思索着这几年自己的所作所为，发现自己没有像从前那样关心丈夫了，脾气也越来越不好，想着想着，妻子哭了，认为走到今天这步都是自己的错。

丈夫也有些后悔，一个人抽着闷烟，回想起自己追求妻子的艰辛，曾经对她许过的诺言，感到自己不是人，怎么能赶妻子走呢？她这么多年操持着这个家，带着孩子，妻子多不容易呀。

这时，丈夫开门准备向房间里的妻子道歉，当他开门时，妻子正好准备出去向丈夫道歉，两人就这样默默地看着对方，仿佛又回到了从前，终于相拥在一起。妻子柔声说道："我最珍贵的东西就是你，我希望咱们能够像以前一样彼此相爱。"

此后，妻子又回到了从前温柔贤惠、善解人意的模样，丈夫也不再丢三落四、粗声粗气。一旦双方产生矛盾或是误解，两人都争先检讨，终于又相亲相爱地开始了新的生活。

世上没有完美无瑕的婚姻，也不存在十全十美的配偶。但是，你必须相信托尔斯泰所说的那句话"幸福的家庭都是相似的"，这是有科学根据的。美国心理学家研究发现，凡婚姻持久不衰，白头偕老、相亲相爱的夫妻都有以下共同特征：

责任感强：责任感是持久幸福婚姻的基础。恋爱中的男女一旦结成夫妻，就要向对方、向社会、向子女负责。否则，夫妻就不可能长久地生活在一起。

正视现实：热恋中的情侣，多是从神话故事里认识爱情，对未来抱有不切实际的幻想，以为一结婚万事如意，处处都能得到对方的理解和照顾。婚后如不能正视现实，接踵而来的家庭琐事、夫妻摩擦等等，会使他们产生厌倦心理，甚至给家庭带来阴影。

相互适应：不同的生活经历造就了不同的性格，相互尊重和谅解，是融洽夫妻关系的前提。

宽容与迁就：在家庭琐事面前，夫妻间应避免争吵，只要不是原则性问题，就不应斤斤计较。对方有了缺点，要学会宽容。过分责怨往往会伤害对方的自尊心。

婚后谈情：繁重的家务和工作往往会代替夫妻间的谈情说爱。幸福的婚姻都有这样一个秘密，即给性生活以优先权。只要可能，他们会对配偶"有求必应"，有时会撇开孩子，或夫妻单独外出度假。这既有利于沟通感情，又满足了性的心理和生理上的需求。

同舟共济：在夫妻漫长的生活道路上，难免会发生这样或那样的坎坷，如果夫妻能够共分担、相互慰藉，共渡难关后，夫妻关系会更加紧密。

佛经上说，红尘间男女的结合是千年修成的缘。既然是千年不解之缘，夫妻二人岂能随随便便就断送了这份缘分，应当以毕生的情感去维系它、升华它，直至两人生命的终结！

5. 感受亲情，家是我们永远的港湾

当我们感叹爱情会变质、友情会褪色时，发现唯有亲情纯朴厚重，它不会随着时间、环境的改变而改变，它是世上唯一能永恒的情感，并永远与生命同在。

血浓于水，世界上恐怕没有什么比至亲骨肉之间的亲情更浓厚、更深沉的了。从我们呱呱落地的那一刻起，父母就给予了我们所有的一切，无私的爱。从生命的懦弱无知出发，沿途走来，或滂沱大雨、或阳光明媚、或泥泞不堪、或笔直平坦，有亲人的陪伴，有家庭的温馨，我们什么都不怕。

封金士是安徽省蚌埠市固镇县地税战线上的一名退休干部，于1964年参军，在部队参与并见证了共和国第一颗原子弹爆炸，经历了生与死的考验、血与火的洗礼。退伍到地方工作后，退伍不退色，勤奋工作，多次被评为先进工作者，并一直与母亲、大哥共同生活，精心照料母亲和大哥，为他们撑起一片天，成为85岁残疾大哥的“双脚”、102岁老母亲的“拐棍”。

封金士的母亲体弱多病，时常卧病在床。大哥因为残疾，没有劳动能力，终身未娶，在70岁时先后进行了左下肢和右脚截肢,失去了生活自理能力,只能常年卧床。两个卧床行动不便的老人,赡养的责任全都落在封金士身上。此时,封金士儿女均已成家外出工作,老伴也因为双腿风湿病痛,自顾不暇。2002 年,他不得不离开心爱的税收工作岗位,提前退休,全身心照顾两位老人的衣食起居。

为方便照料老人,封金士家中最大的一间屋摆了 3 张床,10 多年坚持睡在母亲、大哥的脚边,夜里随时起身查看母亲、大哥睡得可好,被子是否掉了和服侍大小便等。

每天他总是凌晨 5 点以前就起床,首先将连同自己和老伴的 4 个痰盂清洗干净,将屋内收拾整洁,提前准备好早饭,然后去伺候母亲大哥穿衣起床、刷牙洗脸。每日坚持为母亲、大哥洗脚擦身,每周坚持为母亲、大哥至少洗一次头,为大哥刮几次胡子,并及时为之理发;因为老人行动不便,10 多年来,两位老人多是通过坐便轮椅或需人抱到卫生间大小便,难免脏、臭,但封金士都能及时清理干净,家中虽常年有老人卧床,却没有异味,两位老人也从没生过褥疮,始终保持干净整洁,一般人来到封金士的家,根本想不到家中还有两个常年卧床的老人。

封金士一家人的经济来源主要靠他不多的退休工资和大哥有限的政府补贴,生活困难可想而知。但他从没有为此抱怨,用心打理着生活,脸上总是洋溢着灿烂的笑容。他说:“我们家虽然生活普通,但不管什么饭菜,从来没有浪费,就是夏天剩的有些发馊的馒头、稀饭我都没有丢弃过,都是自己热热吃了,自己十多年来从未添置一件体面的衣裳,退休前的制服,去掉标识还一直穿在身上。”

其实,封金士的负担本可以减轻一些,大哥无儿无女,在农村本可作为五保户进入养老院养老,但封金士始终把大哥带在身边,不离不弃。他说:“长兄如父,父亲去世早,大哥虽是残疾人,却处处关心我,他老了,再怎么困难,我也不能弃他而不顾啊!”

2008 年,不幸再次降临,大哥患上脑血栓,虽抢救及时,但也落下半身不遂。封金士也花光全部积蓄。但他毫无怨言,依旧精心照料，在封金士长期按摩护理下，大哥的左手部分恢复了功能。母亲也在封金士悉心地照顾下，身体良好，年初无疾而终，享年 102 岁。

身教重于言传，封金士的爱人，在自身身体不好的情况下，多年来洗衣做饭，忙里忙外，大哥大小便失禁，衣服沾满屎尿的情况下，她也从无怨言并及时清洗干净。儿子闺女也在周日放假期间，轮流回家帮助照顾奶奶和大伯，还时常将奶奶和大伯接到自己小家照顾。两个女婿也从未嫌弃大伯大小便失禁脏臭，尽心服侍。两个年幼的外孙女也知道为外公外婆洗脚按摩。

这就是亲情，永远伴随着你的亲情。它是能治百病的灵丹妙药，当你面对死神时，不能看到生命的希望；它是荒寂沙漠中的绿洲，当你落寞干渴时，看一眼已是满目生辉；它是黑夜中的北极星，总会有一束柔光指引我们迈出坚定的脚步；它是航行中的一道港湾，这里没有狂风大浪，我们只可在此稍作停留，便能再次高高扬帆……

不管财产多么珍贵，都不如家庭的和谐珍贵，能否把握住家庭成员之间的宝贵亲情，需要每一个人的努力。

俗谚说“家和万事兴”，希望父慈子孝，兄友弟恭，夫唱妇随，就要像经营事业般努力地去建构家庭的和谐。家是由爱维系的，当你希望婚姻的成功、家庭的和谐，你就需要付出爱的代价！

无论是为人父母者，还是为人儿女者，或者是为人兄弟姐妹者，任何时候都不应该抛弃彼此之间永远无法脱离的血浓于水的亲情，相互之间要真诚相待，切勿为了一时的利益而不顾血缘之亲。一旦亲情丧失殆尽，恐怕人与人之间就再也没有任何温情可言了。

亲情之中，父母之情尤为重要。对于为人子女者来说，对待父母要持以善心，同时也要持以感恩的心理。父母使我们从小衣食无忧，他们通过自己的辛勤劳动使得我们在儿时度过了无比幸福的生活，在我们不懂事的时候含辛茹苦地养育我们长大，在我们生病时精心照料我们康复，尤其值得我们感动的是，他们为我们做的一切都不计回报，他们所有的付出都只是为了我们能够过得更好。

为了儿女，父母什么都可以牺牲。丹麦作家安徒生写过一篇感人至深的童话故事——《母亲的故事》。这个故事讲述的是一位伟大而又仁慈的母亲,她有一个儿子,不幸的是这个儿子马上就要死去了,有一天死神把他的孩子带走了。母亲为了救孩子向死神乞求道:"啊,为了我的孩子,我什么都可以牺牲!"母亲不畏一切艰难困苦,她答应每个帮助她找到孩子的人任何要求。母亲失去了双眼,失去了美丽的黑头发,承受所有的痛苦,只为救活自己的孩子。最后,她找到了代表孩子生命的花,可是她所能选择的是孩子的痛苦或者是死去,最后这位母亲放弃了选择,只能让死神带孩子去另一个幸福的天堂。

父母为了儿女承受了太多的悲恸。不管怎样,无论何时,父母永远站在儿女的背后,默默地支持着儿女。儿女的开心和忧伤、成功和失败,总是牵动着他们的心。儿女就是父母的全部。这是世上最纯洁、最无私的感情。对于父母,儿女的感恩图报,是天经地义的事情。反之,天理难容。

人生的幸福绝大部分源自亲人,只要你想有一个幸福的人生,无论是为人父母者,还是为人子女者,都应该尽可能地向自己的挚爱亲人表达自己浓厚的情感,都应该尽可能地善待对方。唯有如此,亲情才会愈来愈浓、生生不息,生活也会因亲情而多彩!

6. 珍重友情,你的旅途不再孤单

人类的任何感情都是弥足珍贵的,爱情甜蜜而自私,亲情温馨而固有,唯有友情博大而宽广。只要你拥有一颗真诚、善良、宽容的心,友情就无处不在,你的人生旅途不再孤单。

英国哲学家培根是这样评价友情的:"友谊对人生是不可缺少的,友谊是人生的阳光。人生因为友谊而美好,因友情而灿烂。"

友情是人生无价的财富,它以一种高尚,以一种责任,以一种生命的参透力，在善意与温情中逐渐生长出一棵人生的常青树。真正意义上的友情应该是那种心灵上的共识、理解和通融，是那种相互之间心灵上的升华和事业上的促进。真正的友情本质上拒绝功利，是独立人格之间的相互呼应和确认。真正的友情，没有虚伪，没有遮掩，任选时候都闪烁着朴实而光明的色彩。当我们携手友情时，仿佛走进了一片阳光地带，心灵是敞亮的，且充满了宽容和理解，充满了温情和默契。

青年时期的马克思就有着改造社会的强烈愿望并付诸行动，因而他受到反动政府的迫害，长期流亡国外。

1844年，对马克思来说，是一个具有重大意义的年份。这一年，他在巴黎认识了恩格斯。共同的信仰使他们彼此把对方看得比自己都重要，从此，他们开始了长达40年的友谊。

马克思长期的流亡生活很苦，常常靠典当生活，有时竟然连买邮票的钱都没有，但他仍然顽强地进行他的研究工作和革命活动。恩格斯为了维持马克思的生活，宁愿经营自己十分厌恶的商业，把挣来的钱源源不断地寄给马克思。不仅生活上的相互帮助，在事业上，他们更是互相关怀、互相帮助，亲密地合作。

当时，他们同住伦敦，每天下午恩格斯总会到马克思家里去，两人会在一起一连几个钟头地讨论各种问题。分开后，两人几乎每天通信，彼此交换对政治事件的意见和研究工作的成果。

他们之间的关怀还表现在时时刻刻地设法给予对方以帮助，都为对方在事业上的成就而感到骄傲。马克思答应给一家英文报纸写通讯稿时，还没有精通英文，恩格斯就帮他翻译，必要时甚至代他写。恩格斯从事著述的时候，马克思也往往放下自己的工作，编写其中的某些部分。马克思和恩格斯合作了40年，建立起了伟大的友谊，共同创造了伟大的马克思主义。

友情对人生的帮助和力量是巨大的，正如列宁所说："古老的传说中有各种各样非常动人的友谊故事，后来的欧洲无产阶级可以说，它的科学是由两位学者和战友创造的。他们的关系超过了古人关于人类友谊的一切最动人的传说。"

每个人都希望能拥有马克思和恩格斯一样的友情,交到真正的朋友,然而生活中那种见风转舵的人太多了,一些人错误地理解了朋友的真正含义,错把狐朋狗友当作生死之交,错把酒肉朋友当成人生挚友,以为自己朋友遍天下,结果当自己危难之时却处处碰壁,才弄明白朋友的难得与交友的不慎。

一位年老的父亲在临终之际告诉儿子:“除了一生积攒下来的财富,我留给你的还有一生当中唯一的一个朋友,他住在一个非常遥远的地方。如果你遇到解决不了的困难,就去找他。”说完父亲把手中一个写着陌生地址的纸条交到了儿子手里,然后就撒手人寰了。

父亲的逝世让儿子万分悲痛,有一问题儿子却很迷惑:“父亲为什么在临终前给我一个朋友的地址呢?我自己有很多朋友,即使有困难,也不会去那么老远找父亲那位多年不曾联系的唯一的朋友。”

儿子并没有特别在意父亲的遗言,只是将父亲留下来的纸条保存到了一个稳妥的地方。儿子朋友确实多,在父亲死后的几年之内,他不断宴请自己结交下的朋友,当朋友遇到困难时,他总是慷慨解囊。由于过度花费又没有进账,父亲留下来的钱财很快就被儿子花光了。儿子并不担心,他想:“那些朋友都曾受过我的恩惠,我去求他们,也是理所当然的,他们也一定会帮助我的。”

事情并不是儿子想象的那样,当几乎一无所有的他向那些曾经求助过他的朋友们寻求帮助时,过去笑脸相迎的朋友们一个个都变得冷漠至极,没有一个人愿意帮助他。在心灰意懒之际,他想到了父亲临终时留下的纸条,于是他简单地打点行装,按照纸条开始寻找父亲那位多年不见的朋友。

经历艰辛,年轻人终于来到了父亲的老友门前。父亲的老友显然家境并不富裕,年轻人有些心灰意懒。当他疑虑重重地向对方说明自己的情况后,老人很快走了出去,然后从外面抱回来一个看起来年代久远的坛子,一边从坛子里面取出十几块金币，告诉年轻人："这是我年轻的时候和你父亲一起做生意时分得的利润，你全部拿去，用它们来创造更大的财富吧。"

年轻人带着十几块金币走了，同时他带走的还有对真正友谊的大彻大悟。

君子之交淡如水，真正的友谊并不需要过于亲密，能够在朋友有难时，互相扶持并给予安慰，这才是朋友的真正的定义；而只有在你风光正盛之时手捧鲜花向你祝贺的人，通常是不值得留恋的。

人一生当中要结交各种各样、数不胜数的伙伴，真正能够称得上朋友的却没有几个。因此，要交对朋友，要珍重友情。

古人给我们提出了交友的 3 个条件："友直、友谅、友多见。"意思是说，与正直的人交朋友，与诚实的人交朋友，与见多识广的人交朋友，对自己是有好处的。对我们而言，这 3 个条件仍然是正确可借鉴的。

真正的友谊值得我们用一生来追求和珍惜，在通信设施如此发达的现代社会，我们与朋友交流起来实际上要方便得多，只要经常给对方写写信、打打电话、发些 E-mail，或者亲自抽时间去看望对方及其家人，甚至只要一个默契的眼神和一句简单的问候，我们就可以获得幸福时的分享者和悲痛时的分担者。当我们最需要帮助的时候，朋友会伸出援手，在他们渴望友情时，我们会献上自己的支持。

珍重友情吧！如果说友情是一棵常青树，那么，浇灌它的必定是出自心田的清泉，如果说友谊是一朵开不败的鲜花，那么，照耀它的必定是从心中升起的太阳。想想在生活中，有多少笑声是友情唤起的，有多少眼泪是友情揩干的，珍重友情，你的人生将不再孤独。

7.

控制自己，别让情绪淹没了幸福

人的行为是受情绪所影响的，消极颓废的情绪给人们带来的只有衰败、破坏以及死亡，可以说，这种不加克制的情绪是幸福的天敌。如果有谁经常认为命运故意与自己作对，常常抱怨环境的艰苦和生活的贫困，那他就已经受到了消极情绪的影响。

情绪的变化与环境变化以及自身的情绪控制能力有关。环境的变化总是让人难以预料，如果人们对自己的情绪不加以控制，就很容易随着环境的变化而产生情绪的波动，最后又使自己的行为受到不同程度的影响，而人的行为最终决定将来的生活的质量。

不良的情绪还具有传染性，它可以使你的勇气和力量变得软弱无力，而且即使面对光明，人们也会因为心灵的黑暗而看不到更广阔的未来。所以，人们必须克服自己的情绪。在我们的生活当中，情绪处理得适当，才能够将阻力化为动力，帮助你解危化险、政通人和。情绪若处理得不好，便容易产生一些非理性的言行举止，轻则误事受挫，重则危及生命。如 2012 年年底的一场子虚乌有的“世界末日”，颠覆了很多人的日常平静生活，这些人信以为“世界末日”会来临，情绪失控，寝食难安，疯狂消费，纸醉金迷，颓废终日，做出了很多极端、可笑的事情出来，甚至产生了自杀的倾向。

2012 年 12 月 21 日据传是玛雅人预言的“世界末日”。

12 月 11 日，距离这一时间还有十天，河北香河县一农民向媒体展示了名为“2012 诺亚方舟”的自制圆球形逃生设施。这个“诺亚方舟”，总投入达 180 万元。对于一个农民而言，如此大的投入，无疑是一种极端反应。这一毫无意义的投入，必将给他的生活和家庭带去巨大的影响。

一位四川籍的白领灯光控制设计师更是因深信玛雅预言，放弃令人羡慕的职业，收拾行囊远赴一个神秘的小山林里，躲避“末日”之灾。当2012年12月1日，成都发生4.3级地震时，这位女士竟然惊呼：“我做的一切太有价值和意义了。”

尽管多数人并不相信“世界末日”的传言，但“末日”情绪已融入日常生活，并与部分人的生存焦虑、发展压力等诸多问题交织在一起，为个体和社会带来不少负面影响。

据报道，浙江商人杨宗福制造了号称能应对“火山、海啸、洪水、地震、核辐射等灾难”的球形密封应急救生舱，与河北农民所造的“诺亚方舟”不同，杨宗福宣称已接到100万元至500万元的价格不等的几十张订单。从这一点来说，“世界末日”给人们的恐慌可见一斑。

随着，“世界末日”的接近，“末日”情绪相关的负面影响开始显现。

12月4日，四川省成都市双流县、内江市隆昌县等多地传出世界将“连黑3天”的流言，白蜡烛、火柴销量大涨甚至脱销。

12月8日，福建泉州市区6人手持传单等物，宣扬“世界末日”言论，被警方抓获，其中3人被以“散布谣言，谎报险情、疫情、警情或者以其他方法故意扰乱公共秩序”罪名被治安拘留。

上海警方称，12月5日7时至6日7时的一天内共接到25起借“末日”谣言骗钱的警情。

类似现象席卷全球。国际民调机构益普索公司对20多个国家的最新调查结果显示，6%的法国人、8%的英国人、22%的美国人和相同比例的土耳其人都认为，“世界末日”将在他们这一代来临。其中，约十分之一人担心“世界末日”可能在2012年12月来临。

“世界末日”并没有到来，最终人们只是恐慌一场。在这场恐慌之中，很多人的情绪受到了严重影响，负面情绪导致他们所做出的一些事情，已经深深地伤害到了自己和家庭，也许有些人因此而面临着幸福“末日”的到来。

幸福是一种感觉。现实社会中，很多人感觉自己很不幸，有些甚至觉得不幸到无法活下去。其实，他们的所有不幸，归根到底都是情绪问题。一般而言，我们每个人的情绪管理能力往往随着年龄的增长而逐渐增强，并逐步由幼年的淘气、童年的天真、青年的血气方刚、壮年的坚持不懈逐步成长，直到中年、老年才渐渐学会某种稳重和追求圆满。但是，并不是所有的人都适合于这个规律，有些人的身体在逐渐成长、成熟，心灵却总不见成熟。

世界上的很多事情，开始的过程很相似，但是结局却天差地别，而最终起决定作用的往往是情绪或者心态。当你随性、任性，容易冲动时，你就会在无知的情绪行为驱使下，盲目地追求人生的幸福。既然是盲目的追求，又怎么可能追寻到真正的幸福呢？要想得到人生的幸福，就得寻找建立幸福人生的方法，有效控制自己的情绪，作出正确的行动。

人的心情往往随着环境的变化而变化，即心随境转、情由心生、境由心造，万念从心起。因此，控制情绪首先要学会养心。烦恼的事情，不放在心上，就不会有烦恼的觉知；被对方责骂，不去计较，就会避免继续被刺激；受到打击，想想如何爬起，就不会有痛苦的感觉；遇到不高兴的事，回忆一下过去快乐的时光，就不会感觉难过；碰到气愤的事，忍一忍则不会乱大谋。

总之，幸福与忧愁源于心。有的人生活虽然不富裕，但活得却很开心，整天歌舞作乐，是积极乐观的人；有的人多愁善感、患得患失，是愁苦悲观的人。无法控制自己内心的情绪，你就无法获得幸福的生活。

要消除不良情绪给生活带来的负面影响，就要掌握一些排解不良情绪的办法。你需要转念想法，远离忧伤的感受，释放负面的记忆，种植善念，净化心灵等。当你面对愤怒的事物，可以重新诠释，改变解读；而对委屈的事及不合理的事，可以重新将之合理化；面对讨厌怨恨的人，改变对他的观点；而对价值观、满足度重新定义，重新调整预期心。

只有内心潜意识里没有烦恼的想法，情绪才会趋于稳定。因此，控制情绪，就是管理心念，让自己的心灵回归宁静，保持一颗平常心，如此幸福才不会被情绪所淹没。

8.

宽容豁达，宽恕别人等于善待自己

世界由矛盾组成，任何人或事情都不会尽善尽美。无论是患难之交、亲朋好友，还是金玉良缘、模范夫妇，都是相对而言的。当我们陷入生活的低谷的时候，往往会招致许多无端的蔑视，当我们处在为生存苦苦挣扎的关头，往往又会遭遇肆意践踏你尊严的人。针锋相对的反抗是我们的本能，但这并不是一种明智的选择。

过多的争辩和反击往往会让那些缺知少德者更加暴虐，实不足取，唯有冷静、忍耐、谅解最重要。当你以一种宽容的心态去展示并维护自己的尊严，那时你会发现，你所得的比失去的要多。

正所谓，退一步海阔天空。宽恕别人的同时，你也给了自己一个机会，也是善待自己的表现。

一位挪威年轻人漂洋过海来到法国，他热爱音乐，要报考著名的巴黎音乐学院。考试的时候，年轻人竭尽全力将自己的水平发挥到最佳状态，不幸的是，主考官并没有相中他。

此时，年轻人已经身无分文，为了生活，他来到学院外不远处一条繁华的街上，在一棵树下拉起了手中的小提琴。他拉了一曲又一曲，优美的琴声吸引了无数的行人驻足聆听。曲终，饥饿的年轻人捧起自己的琴盒向围观的人们走去，围观者纷纷掏钱放入琴盒。

一个无赖鄙夷地将钱扔在年轻人的脚下，年轻人看了看无赖，最终弯下腰拾起了地上的钱递给了无赖说：“先生，您的钱掉在了地上。”

无赖接过钱，重新扔在年轻人的脚下，再次傲慢地说：“这钱已经是你的了，你必须收下。”

年轻人再次看了看无赖,深深地对他鞠了一个躬,说:“先生,谢谢您的资助,刚才您掉了钱,我帮你捡了起来,现在我的钱掉到了地上,麻烦您帮我捡起来。”

无赖被年轻人出乎意料的举动震撼了,最终捡起地上的钱放入青年男子的琴盒,然后灰溜溜地走了。

这一幕正好被一个人看到了,这个人就是那位否定年轻人的主考官。后来,他将年轻人带回了学院,最终录取了他。

这位年轻人叫比尔·撒丁,是挪威小有名气的音乐家,他的代表作是《挺起你的胸膛》。

也许,我们每一个人都有类似比尔·撒丁的遭遇,只是当时的环境不同而已,此时有人会建议我们忍让,也有人会叫我们还击,而事实上,生活的内容远非如此简单。就人与人之间来说,重要的不是忍让,不是争斗,而是宽容,友好地与人相处。当你宽容别人的时候,说不定会有一双欣赏的眼睛看着你,你的人生可能因此而变得意义非凡。

中国有一句古言:“以恕己之心恕人,则全交;以责人之心责己,则寡过。”就是告诉后人:“宽恕别人等于善待自己。”

互相宽容的朋友一定百年同舟;互相宽容的夫妻一定千年共枕;互相宽容的世界一定和平美丽。穿梭于茫茫人海中,面对一个小小的过失,常常一个淡淡的微笑,一句轻轻的歉语,带来包涵谅解,这是宽容;在人的一生中,常常因一件小事、一句不注意的话,使人不理解或不被信任,但不要苛求任何人,以律人之心律己,以恕己之心恕人,这也是宽容。

莎士比亚说:“宽容就像天上的细雨滋润着大地。它赐福于宽容的人,也赐福于被宽容的人。”他相信,做人如果能够宽容一点,那么我们的生活将会变得更加和谐美好!

有一对老夫妻结婚50周年,在他们金婚纪念日那天,来宾纷纷向他们寻求保持婚姻幸福的秘诀。

老太太说:“从我结婚那天起,我就准备列出丈夫的10条缺点,为了我们婚姻的幸福,我向自己承诺,每当他犯了这10条错误中的任何一条的时候,我都愿意原谅他。”

有人问:“那10条缺点到底是什么呢?”

老太太回答："老实告诉你们吧，50 年来，我始终没有把这 10 条缺点具体地列出来。每当我丈夫做错了事，让我气得直跳脚的时候，我马上提醒自己：算他运气好吧，他犯的是我可以原谅的那 10 条错误当中的一个。"

这个故事告诉我们：宽容是一种博大，它能包容人世间的喜怒哀乐，能够愈合一切不愉快的创伤，能够消除人为的紧张。在漫长的人生旅途中，不会总是艳阳高照、鲜花盛开，也会有夏暑冬寒、风霜雪雨。面对生活中的一些矛盾，如果能像那位老太太一样，学会宽容和忍让，你就会发现，幸福其实就在你的身边。

多一些宽容，你就会少一些心灵的隔膜；多一分宽容，你就多一分理解，多一分信任。善意的宽容最能打动人心，所以，每一个人都应该学会宽容。

当然，在宽容他人时，也应该学会维护自己的尊严和权利。处处宽容别人，绝不是软弱，宽容是建立在自信、助人和有益于社会基础上的适度宽大，必须遵循法制和道德规范，要把握好分寸。

世界上最宽阔的是海洋，比海洋更宽阔的是天空，比天空更宽阔的是人的心灵。生命短暂，学会宽容，你的人生将会拥有一片广阔的天地。

9. 点燃希望，争取美好未来

作家莫言在今天的中国文坛上，甚至世界文坛上都有着相当重的分量。说起莫言的作家梦，还得源自于他对饺子的向往。

莫言生于一个贫穷的农家，6 岁开始上学，小学五年级时遭遇饥荒，此后辍学在家务农 10 年之久。那时候人们饿得什么都吃，甚至是村里刚分来的没见过的煤，大家都能嚼得津津有味。有一次，莫言得知一个作家因为文章写得好，稿费非常丰厚，可以一日三餐都吃饺子，而且都是肉的。那个时候对于一年只能吃一顿饺子的农村人来说，这简直是不可思议的。多年后，莫言说起这件事感慨颇深："所以我当时就想，哎哟，原来作家生活是如此之幸福啊，所以当年想当作家的原因很简单，就是一天三顿都能吃到饺子。"

当然，莫言完成了他的愿望，他不仅出书了，而且成为了一代文学名家。他吃上了饺子，也过上了幸福的生活。

莫言的故事告诉我们，有时候，幸福的生活也需要诱惑的动力，这个动力源自于一个美好的梦想，当你看到了希望，才能有动力去追逐梦想。

我们常说："人穷并不可怕，可怕的是精神贫穷。"人穷志不穷，在今天，只要你有梦想，肯努力，终有一天你会脱离贫穷。怕就怕，有些人看不到希望，又怎么可能有动力去追求美好的生活呢？

人的一生中会遇到很多意想不到的困难，因身在"黑夜"中而悲观绝望、意志消沉，甚至想一死了之的人比比皆是。你想远离这种消极的负面情绪，就要让你的心看到"白昼"的光明，看到希望。

生活没有希望，就没有光明，也就不会有快乐。西班牙思想家松苏内吉说过："我唯一不能缺少的东西就是希望。"当你拥有了希望，就如同在漫漫长夜中点燃了一盏长明灯，希望会指引着你毫无畏惧地前进。

2004年，奥巴马在美国民主党代表大会上发表了名为"无畏的希望"的演讲，此次演讲让他声名鹊起。2006年，他出版同名著作，讲述了自己为了梦想在美国拼搏奋斗的故事。实际上，"无畏的希望"一词出自他的前牧师赖特对一幅画的评论，奥巴马本人曾被那幅画感动得热泪盈眶。

20年前，身为芝加哥三一联合基督教会牧师的耶利米·赖特，以"无畏的希望"为题举行了一次布道。他在布道会上解析了英国画家乔治·弗雷德里克·瓦兹一幅名为《希望》的画作。

画面上一个年轻女子坐在象征世界的地球上面，身体向前倾斜，低垂着头，眼睛被蒙上绷带，手里弹拨着仅剩下一根弦的古希腊七弦琴，并俯身倾听这根弦发出的微弱乐音。画家的意图是表现人类直到最后也不能丧失希望，不过观众的感受可能会有所不同，觉得只剩下生命的最后一根弦，正面临着危机。

赖特解析说："虽然这名女子身上有着瘀伤和血迹，穿着破烂不堪，竖琴也只剩下一根弦，她就好像是广岛或者沙佩维尔(沙佩维尔为南非城市，曾发生种族屠杀——编者注)的受难者，但是画家仍敢于把这幅画名为'希望'。虽然世界被战争撕裂，虽然世界被仇恨摧残，虽然世界被猜疑蹂躏，虽然世界被疾病惩罚，虽然在这个世界上充满饥饿和贪婪，虽然她的竖琴被毁坏得只剩下一根琴弦，但是这个女人仍有无畏的希望，在她那仅存的一根琴弦上，去弹奏音乐，去赞美上帝。"

奥巴马在他的另一本自传《父辈的梦想》中，将这次特别的布道看作他人生的转折点。在他一生中，从来没有其他艺术作品能像这幅画那样，对他产生如此巨大的影响。正是因为这幅画改变了他的生活，也是这幅画让他立志竞选美国总统。

这是一个非常典型的"美国梦"：一个人通过自己的努力，可以实现自己的梦想，幸福，会来敲门。在美国，有多少美国人，就有多少"美国梦"。美国第三任总统杰弗逊在美国的独立宣言上13次提到"幸福"这个词语，他认为，"美国梦"是每个美国人的信仰，坚持自己的梦想并为之努力，你最终能成功，能幸福。

事实上，不仅仅美国人有希望和梦想，我们的生活也处处存在着希望和梦想，小的时候我们希望长大，长大后又恋爱，恋爱后会想到结婚，结婚了则想到要孩子，孩子小时盼望他长大，孩子大了希望他有出息，这一切都是支撑着我们向往幸福的生活。

幸福不是想来的，不是等来的，是靠自己争取来的。光有希望还不行，我们必须付出行动，争取属于自己的幸福生活！

第六章　得之淡然，懂得珍惜眼前的生活

每个人都有欲望，但并不是每个人的欲望都能得到满足。“求不得”只能带给我们痛苦，让我们的心越来越累，快乐越来越少。在痛苦之中，我们往往忽视了眼前所拥有的东西。其实，生活的真谛在于珍惜。懂得珍惜拥有，你的内心就会少一些烦恼，多一些坦然和快乐。如果一味地放任心中贪婪，最终毁掉的只有自己，空留一生叹息。

1. 心怀感恩，拥有就是幸福

人生不如意事十之八九，在生活中，每个人都会或多或少地遇到一些磨难，甚至会活得很辛苦，每个人都有着这样的失意、那样的挫折：有一份工作，但工资不高；有一个很和谐的婚姻，却没有激情；有一个八十平方米的房子，显得有些小；家里有存折，却还不够买一辆车；身体还不错，可是缺少医保。这就是人们眼中的痛苦。

然而，在这个世界上不是所有的人都有工作、美满的婚姻、温馨的家庭、健康的身体，在茫茫人海之中，有人在拼命找工作；在滚滚红尘之中，有人在苦苦寻觅爱情；在风雨交加之夜，有人没有房子遮风挡雨；在亿万家产之前，有人无福消受。对于这些人而言，如果你衣食无虞，你就应该拥有一颗感恩的心，感谢生命赋予你的享受与幸福。

“身在福中不知福”是很多大喊“不幸福”之人的真实写照。每个人对

幸福都有一个自我的标准，而你可曾想过，一个在茫茫无际的沙漠中徒步孤行、饥饿难耐的人意外地找到一片满是泉眼和挂满果枝的绿洲，对于那个人来说这无疑是天大的幸福。

假如那人从沙漠中走出，来到具备各种物质条件的现代生活圈中，纵然有种类繁多的瓜果、有滋味各异的饮料，他也感受不到太多的幸福。其实，幸福并没有减少，而是他忘记了曾经的苦难，或者他根本就不知道什么是苦难。

生活给予我们太多的恩惠，当我们在走向富裕的生活时，请别忘记沙漠中的口渴，别忘记无鱼、无肉、无食的三餐，别忘记又饿、又累、又病的日子，常思一饭一粥来之不易，只有记住生活中的苦，才知现在拥有的甜，才能更珍惜今天的来之不易。

17 世纪初，英国一批主张改革的清教徒，因理想和抱负不能实现而退出国教，自立新教，此举激起了英国当政者的仇恨。这些清教徒们不堪承受统治者的迫害和歧视，先逃到荷兰，1620 年 9 月，102 名清教徒登上“五月花”号帆船。

船在波涛汹涌的大海中漂泊了 65 天，这些清教徒于 11 月终于到达了美国东海岸，在罗得岛州的普罗维斯敦港登陆。当时，那里还是一片荒凉未开垦的处女地，火鸡和其他野生动物随处可见。时值寒冬，来到陌生的地方，缺衣少食，恶劣的环境严重威胁着他们的生命，将近一半的清教徒移民在饥饿中死去了。

在这生死攸关的时刻，当地的印第安人为他们送去了食物、生活用品和生产工具，并教会他们如何在这块土地上耕作。这一年秋天，移民们获得了大丰收，11 月底，移民们请来印第安人共享玉米、南瓜、火鸡等制作成的佳肴，感谢他们的帮助，感谢上帝赐予了一个大丰收。自此，感恩节变成了美国的固定节日。

懂得感恩的人会懂得珍惜，容易得到幸福。一个人要对昨天的日子感到快乐，才能对明天感到有信心。如果做到这样那就是幸福了。

感恩不一定要感谢大恩大德，感恩是一种生活态度，一种善于发现美并欣赏美的道德情操。起床、吃饭、工作、游戏、休息、交友、恋爱、结婚，这些都是我们的真实生活，每一个环节都会让我们领略到生活的乐趣：美味的食物，真诚的友谊，和煦的阳光，欢愉的微笑。我们应该真诚地感谢上苍或他人给我们创造的一切。

人的一生，就是一个不断感动的过程。如果你总是沉浸于“不如意”之中，终日惴惴不安，那生活就会索然无味。相对于那些失去生命的人，我们至少能够活蹦乱跳地活着，体验着人间千姿百态的变化，我们能拥有阳光、空气，这何尝不是一种幸福。

生命对于每个人来说只有一次，我们活在生与死之间的这个过程中，这个过程未必每一步都是精彩辉煌的，但是我们仍然在努力为了活着而努力地活着。不要无视我们来之不易的生命，不要无视我们存在的价值，更不要无视我们每一天重复做着的每一件事情。当我们睁开眼睛醒来可以看到太阳的时候，要知道盲人的世界里未曾看到过任何色彩，我们闭上双眼时的黑暗，他们却要一辈子体会着；当我们可以大吃大喝，健康从容面对生活的时候，你要知道多少躺在病床上呻吟，忍受疾病折磨的人们不再能够体会。这种幸福不是物质堆起的幸福，不是虚华装饰出来的幸福，是除去名利和荣辱之外，值得我们珍惜、珍爱的东西。

也许你的生活压力很大，也许你遇到了不顺的事太多，也许你对柴米油盐的平凡生活厌倦了，不管你的生活如何的不如意，至少你还拥有其他的东西，难道这些不是生活的恩惠吗？难道你就没有一份感恩之情吗？难道你不应该珍惜你所拥有的吗？

如果你有一颗感恩之心，生活便会在你的眼里变得越来越美好。如果你带着感恩的心情面对每一天，你就会拥有整个世界，你就会更加珍惜已经拥有的幸福，还会创造出更多的幸福。

2.

知足常乐，珍惜眼前的拥有

中央电视台曾经做过一项街头调查，随机找一位行人问："您幸福吗？"得到频率较高的一个答案是："我很忙！"难道这些人真的很忙吗？忙到没时间品味幸福，忙到不明白幸福是什么？很少有人会细细地体会身边的幸福。

被问及这个问题的人大多不愿意面对眼前的生活，他们逃避是因为他们感受不到幸福。在生活节奏大提速的都市里，从几个月大的婴儿被父母带去上早教培训班，为了不输在起跑线上；到白领们忙着赚钱、考职称，为了提高生活质量；再看迟暮的老人赶早去听健康讲座，买一大堆包治百病的保健品，希望从此健康长寿。人们不愿停下脚步静静地琢磨幸福，总是匆匆忙忙地去追逐幸福。可是，人们越追逐越迷茫，最后生活只剩下"我很忙"。

很多人生情境是囿于我们的不满足，所以我们极力争取，愈是要得多，反而愈觉得不够，本来拥有更多的，因为不知足反而觉得少了。人心好比蛇吞象，蛇不可能吞下大象，即使吞下了也是一种痛苦，无法享受真正知足的快感。所谓"知足常乐"虽是老生常谈，但是却发人深省。

知足常乐并不等于不思进取。知足常乐是说要以正确平和的心态对待宠辱得失。它强调的是一种心态，是一种生活的认知能力，没有真正经历过"生活"的人无法体验到真正"知足常乐"的境界。

有一个人，他生前善良且热心助人，死后升上天堂，做了天使。他当了天使后，时常到凡间帮助人，希望感受到幸福的味道。

一日，天使遇见一个农夫，农夫正处于苦恼之中，他向天使诉说："我家的水牛刚死了，没它帮忙犁田，那我怎能下田作业呢？”天使不想让农夫痛苦，于是赐他一头健壮的水牛。农夫很高兴，天使在他身上感受到幸福的味道。

又一日，天使遇见一个非常沮丧的人，他向天使诉说：“我的钱被骗光了，没盘缠回乡。”于是，天使给他银两做路费，那人很高兴，天使在他身上感受到幸福的味道。

不久，天使遇见一个诗人。诗人年轻、英俊、有才华且富有，他的妻子貌美而温柔，但他却过得不快乐。

天使问他：“你不快乐吗？我能帮你吗？”

诗人对天使说：“我什么都有，可就是没有幸福，你能够给我吗？”

天使有些为难了，想了很久，最后决定把诗人所拥有的都拿走。天使拿走诗人的才华，毁去他的容貌，夺去他的财产和他妻子的性命。天使做完这些事后，便离去了。

一个月后，天使再次回到诗人的身边。诗人已经饿得半死，衣衫褴褛地在躺在地上挣扎。天使又把诗人的一切还给了他，再次离去。

半个月后，天使再去看诗人。这次，诗人搂着妻子，满脸笑容，向天使道谢：“谢谢你，我找到了自己的幸福，我现在很幸福。”

人性的一个共同弱点就是常常吃着碗里的，看着锅里的，当人们惦记着其他的，就会忽略了自己所拥有的，这个世界上永远没有绝对的完美和幸福，一味盲目的追求，就像水中捞月一般，终将一无所有。而如果我们再不懂得珍惜自己所拥有的东西，结果只能是失去之后才感到珍贵，而这种叹息已经无济于事了。

现在的，就是最好的，有多少人能明白这个道理呢？知足吧！我们所拥有的不一定是世界上最好的，有时甚至是最微不足道的，但却是世界上最珍贵的，最值得珍惜的。只有珍惜现在的拥有，你才能拥有希望，拥有快乐，只有将一个个快乐的现在串起来，才有一生一世的快乐。对自己的拥有多一份珍惜，也就多一份对生活的真诚和执著。

命运让科学家霍金失去了身体的自由，他不能随意走动，也不能到处散步；命运让霍金失去了说话的权利，他不能随意说话，也不能主动发言。但是，他依然以一颗知足的心对生活充满着感恩。

有一次，在学术报告结束之际，一位年轻的女记者问科学家霍金："卢伽雷疾病已将你永远固定在轮椅上，你不认为命运让你失去的太多吗？"

这个问题显然有些突兀和尖锐，报告厅内顿时鸦雀无声。霍金的脸庞却依然充满恬静的微笑，他用还能活动的手指，艰难地敲击键盘。于是，随着合成器发出的标准伦敦音，宽大的投影屏上缓慢而醒目地显示出如下一段文字："我的手指还能活动，我的大脑还能思维；我有终生追求的理想，有我爱和爱我的亲人和朋友；对了，我还有一颗感恩的心……"

心灵的震颤之后，掌声雷动，人们纷纷涌向台前，簇拥着这位非凡的科学家，向他表示由衷的敬意。

我们敬佩霍金，并不仅仅因为他曾经取得的巨大成就，还有他面对苦难时的坚强、乐观和勇气。每个人都有可能背负各种困难的折磨和命运的不幸，但这并不是说，我们就该认定人间没有乐趣，或生命没有价值。有得有失，有苦有乐。如果有人总自以为失去得太多，得到的太少，总受到这个意念的折磨，那么他才是真正不幸的人。

生活的真谛在于懂得珍惜。当你独处的时，要珍惜这份安逸和宁静；当你成功时，要懂得珍惜这份来之不易的喜悦；当你失败时，也应当珍惜失败所带来的经验和教训。懂得珍惜拥有，你的内心就会少一些烦恼，多一些坦然和快乐。如果一味地放任心中贪婪，最终毁掉的只有自己，空留一生叹息。

岁月不能够倒流也不能够跨越前进，在时间的流逝中，容易被人们所忽视的就是眼前所拥有的。快乐其实很简单，留心观察身边的人和物，你会发现，有许多东西是值得你加倍珍惜的，懂得珍惜眼前，才会抓住一生的快乐。

3.

克制欲望，提升幸福的指数

欲望是人的本能，上至权贵圣贤，下达凡夫俗子，即使是得道高僧，他也有多积功德的欲望。只是每个人的欲望大小不同而已，贫穷者希望得到一点东西，奢侈者希望得到许多东西，贪婪者希望得到一切东西。

欲望必须在我们的能力范围之内。合理的欲望，是我们前进的动力，最终让我们收获幸福；而不合理的欲望，只能让我们陷入无法自拔的泥潭，给我们带来的只能是无奈、痛苦和彷徨，让我们离幸福越来越远。

现实生活中，很多人"一山望着一山高"、"得陇望蜀"，他们的欲望是无限的，实现了这样的欲望，还有那样的欲望，而且欲望一个比一个不切实际，一个比一个脱离实际，最终毁灭在自己的欲望之中。

有一个穷人，穷得什么都没有了，寒冷的夜晚可怜地缩成一团，他乞求上帝给他一个可以发财的机会。

上帝被穷人感动了，对他说道："好吧，我就让你发财吧，我会给你一个有魔力的钱袋。这钱袋里永远有一块金币，是拿不完的。但是你要注意，在你觉得够了时，就要把钱袋扔掉，才可以开始花钱。"

穷人的身边果真出现了一个钱袋，里面装着一块金币。他把那块金币拿出来，里面又有了一块。于是，穷人不断地往外拿金币，一直拿了整整一个晚上，金币已有一大堆了。他想："这些钱已经够我用一辈子了。"

到了第二天，穷人饿了，很想去花钱好好地吃一顿。可是，在他花钱以前，必须扔掉那个钱袋，当他拎着钱袋准备扔的时候，又舍不得了，我好容易有个发财的机会，怎么能轻易放过呢？

穷人又回来了。他扛着疲劳，挨着饥饿继续从钱袋里往外拿钱。一天过去了，两天、三天过去……虽然穷人已经拥有了大量的金币，完全可以去买吃的、买车子、买最豪华的房子。可是，每当他想把钱袋扔掉之前，总觉得还不够多，他对自己说："还是等钱再多一些吧。"

穷人不吃不喝地拿金币，金币已经快堆满屋子了。同时，他也变得又瘦又弱，甚至连拿一块金币的力气都没有了，他依然用虚弱的声音鼓励自己说："我不能把钱袋扔掉，金币还在源源不断地出来啊！"

最终，穷人再也没有力气拿动一块金币了，他想到了花钱，却没有力气迈开步子，他死在了一块金币前。

超过限度的欲望是痛苦的根源。人不能拥有心爱之物就会难过，人没有足够多的金钱就会烦恼，人如果不能让自己的外表有魅力就会苦闷……我们为什么会总想得到自己无法得到的东西呢？有些东西本不该属于我们，无谓的强求，只会让自己越来越痛苦。

幸福并不是你拥有多少东西，反而过多的东西，会成为阻碍你走向幸福的路障。因为人的欲望是很难得到满足的，拥有了一样东西，还会渴望拥有下一样，反复无穷。比如，现在房价飞涨，你不满足于自己的小蜗居，明知道要花很多冤枉钱，但是还是狠下心来贷款买房，为自己平添很多烦恼，还做了冤大头，得不偿失，更不要说有什么幸福感了；有些女孩爱买手机，而且总是挑最时尚的买，但没用几个月，市场上就出现了更流行的款式。她就接着买新的，把不用的手机拿到二手市场便宜卖掉。对时尚的追求令她欲罢不能，几年里换了很多手机，结果损失了上万元，但她现在用的手机还不是最新的款式。

那么，欲望是无止境的，我们应该学会为欲望设定底线。只要我们克制自己的一些不切实际的欲望，严格遵守欲望的底线，我们就不会成为欲望的奴隶。

如何克制自己的欲望？欲望是有"瘾头"，当欲望无休无止地膨胀到一定程度时，除非人们具有非同一般的决心和毅力，否则就无法摆脱欲望的控制。因此，摆脱欲望控制的最简捷途径就是养成良好的习惯，在坏的行为和品性还没有形成习惯之前就彻底将其根除。为此，我们必须做到以下几个方面：

第一，培养正确的人生观、价值观和世界观。你有什么样的人生观和价值观，你就会去追求什么，或者说是在哪一种程度上去追求某种东西，比如你觉得人生的意义就是一定要成为亿万富翁，那你可能就会拼了命地去追求金钱，你的价值观告诉你，如果不成为亿万富翁，那就是失败的人生。如果有这么一种观念的话，那你这辈子就会成为金钱的奴隶。事实上，人一辈子可能根本就不需要那么多钱，甚至连一百万都不需要，但为了证明自己是成功的，你就会想方设法地去追求，那这就是过度的欲望。因此，我们在做某件事的时候或者有某个追求时，先问一问自己为什么需要这些？真的需要这么多吗？得到这些之后又能有多大的意义？要调整人生观和价值观，追求自己需要的东西。如果仅仅只是觉得“别人都那样，我也要那样，否则就会觉得自己比别人差劲”，那么你的追求意义就不是很大了。

第二，要认清事物的本质。很多时候我们之所以会傻傻地去追求一些东西，就是因为没有看清它的真相和本质，所以往往会被表象所迷惑。比如人们疯狂地追求金钱，因为金钱可以买来很多东西，在追求金钱的过程中很多人不惜牺牲爱情、亲情、友情，当他们得到金钱后，真的能买来那些自己曾经失去的东西吗？金钱不是万能的，一旦你真正认识到这一点的话，可能你就不会这么执著地去追求了。所以，当你认清了事物的本质，可能你的执著和贪求就会少很多。

第三，转移注意力。人的时间和精力是有限的，当你全身心专注于一件事情，并从中找到乐趣的时候，其他各方面的欲望就会少很多。如果你痴迷某种欲望之中不能自拔，不如让自己对另外一件事情也产生欲望，这样会避免你在某一条道路上愈陷愈深。

第四，做一些积极的事情，如运动、思考、慈善、节约等等，这些运用或实践可以改变我们的一些本性，能把我们从诸多烦恼中解放出来。

如果我们尽量下意识地用良好的习惯来代替过去沉迷的欲望，并且毫不拖延地从今天、从现在、从这一刻开始做起，然后每天持之以恒，这些好习惯终究会成为我们的品格中不可分割的一部分，它们能够有效地控制欲望之“瘾”，提升幸福的指数。

4.

平衡心态，不要活得太累

生活像一团麻，有许多解不开的疙瘩，学业无成、恋爱失意、家庭变故、事业挫折、经济拮据、人际是非以及命运乖戾等等，这些都会给人们带来烦恼、苦闷、忧虑和沮丧。特别是现代生活的节奏加快，竞争激烈，使人更加紧张烦躁，由于过分害怕失败，很多人就会忧心忡忡，心头像压着一块沉重的铅块，让人感到窒息，以至于身心疲惫。

"唉，太累了！"人人都会从内心深处喊出这句话。其实，生活本身并不累，它只是按照自然规律、按照它本身的规律运转着。人之所以太累，是因为人的要求太多、欲望太多，总想追求完美，可是生活并没有十全十美，在欲望与挫折之中，人的思想包袱会越来越沉重，快乐越来越少，最终只能画地为牢，作茧自缚，岂有不累之理？

有个富人，背着许多金银珠宝去远方寻找快乐，可是走遍了千山万水也没有找到。

一天，一位衣衫破烂的农夫唱着山歌走过来。富人一见这农夫好像很快乐，上前向他讨教快乐的秘诀。

农夫笑着说："哪里有什么秘诀，只要你把背负的东西放下就可以了。"

富人幡然醒悟，自己背着那么沉重的金银珠宝，腰都快被压弯了，而且住店怕偷，行路怕抢，成天忧心忡忡，惊魂不定，怎么能快乐得起来呢？

一语惊醒梦中人！如果富人放下行囊，把金银珠宝分发给过路的穷人，不仅背上的重负没有了，一定还能够看到一张张快乐的笑脸，他也会因此而快乐起来。

很多时候，人生之累是我们自找的，是心态使然。在我们少年时，背着空空的行囊就行上路，无所畏惧，因为轻松，所以快乐；之后的岁月，我们一路拣拾，行囊渐渐装满了，心中想着事业，想着家庭，因此沉重，快乐也就消失了。我们总以为装进去的都是好东西，可正是这些好东西让我们有了太多的顾虑和担心，快乐也一点点地失去了。

我们背负了太多的人生包袱，所以我们才感觉到累。正如英国哲学家邱斯顿所说："天使之所以能够飞翔，是因为他们有着轻盈的人生态度。"你看过鱼儿游得太累、鸟儿飞得太倦、花儿开得太累吗？的确没有人看过它们太累，因为鱼儿不在乎游得快与慢，鸟儿不在乎飞得高与低，花儿不在乎开得美与丑。

生活是给了我们很多负担和烦恼，可是生活也给了我们丰厚的回报，我们为什么不能保持一种平衡的心态呢？

只要我们付出努力，就会得到回报，如果得不到应有的回报，奢想也是枉然。如果将此事作为一个心结，只会增加心理负担。不如将其抛之脑后，保持轻松的心情，从新开始，说不定还能取得成功。

生活是公平的，对谁都是一样的，没有绝对的幸运儿，也没有绝对的倒霉蛋。你感觉自己不如意，别人同样也有烦心的事；别人有好机会，你也会遇到好运气。正因为这样，千万别认为自己是最不幸的，更不要让自己的心承受不必要的压力。

《尚书》里有这样一句话："心之忧危，若蹈虎尾，涉于春冰。"意思是说，对待各种事情，心中总怀着忧患、畏惧之感，就像踩着老虎尾巴，像走在春天即将融化的冰面上一样，令人战战兢兢。这是很多叫"累"者的心态。

在生活中充满了酸甜苦辣，面对这人生的各种问题，我们可以选择两种态度：一种是快快乐乐地主动接受，另一种是放弃。千万不要让生活中的各种事情所累，使得人生如履薄冰，这样的人生是不可能有快乐的。

当人的身体累了，有足够的休息时间，总会恢复的。可是心累，想复原，就十分困难了。因此，我们要保持一种平衡的心态，你想想：人的一生，穷也好，富也好，尊也罢，卑也罢，再怎么过也是一生，到头来，都会化为青烟一缕，黄土一堆。谁也逃不了恐、惊、忧、思、愁、苦、悲、伤、喜、怒、衷、乐，免不了生老病死。所以，别把生命看得太严肃，反正谁也不可能活着离开。只要能明白这个道理，你的心也就宽松了。

人只能活一次，千万别活得太累！如果你无法逃避生活之苦，为什么不换一种活法，活得轻松一点，努力去感受生活中的阳光和快乐呢？

5．放弃嫉妒，你的生活是最美的

嫉妒心理是一种破坏性因素，它的危害相当严重。它如同一把双刃剑，既伤害别人又伤害了自己。嫉妒者的流言、恶语、陷害、阻挠等，往往会对被嫉妒者造成恶劣的后果。而且嫉妒别人实际上是同折磨自己紧紧连在一起的，一个人在嫉妒别人的同时，实际上也在折磨自己，多少嫉妒别人的人最后都喝到了自己所酿的苦酒。

法国作家巴尔扎克说："嫉妒者受的痛苦比任何人遭受的痛苦更大，他自己的不幸和别人的幸福都使他痛苦万分。"因为嫉妒会使人的思想禁闭起来，一个人如果没有开放的头脑，那么他就不可能获得有益的经验，结果只有怨恨。

在古远时代，摩伽陀国的国王饲养了一群象。其中，有一头象长得很特殊，全身白皙，毛柔细光滑。由于特别，国王特意将这头象交给一位驯象师照顾。这位驯象师不只照顾它的生活起居，也很用心教它本领。白象倒也十分聪明、善解人意。过了一段时间之后，白象和驯象师之间就建立了良好的默契。

有一年，国家举行大庆典。国王打算骑白象去观礼。于是，驯象师将白象清洗、装扮了一番，在它的背上披上一条白毯子后，才交给国王。

国王就在一些官员的陪同下，骑着白象进城看庆典。由于这头白象实在太漂亮了，民众都围拢过来，一边赞叹、一边高喊着："象王！象王！"

这时，骑在象背上的国王，觉得所有的光彩都被这头白象抢走了，心里十分生气、嫉妒。他很快地绕了一圈后，就不悦地返回王宫。一进王宫，国王便问驯象师："这头白象，有没有什么特殊的技艺？"

驯象师回答："不知道国王您指的是哪方面？"

国王说："它能不能在悬崖边展现它的技艺呢？"

驯象师说："应该可以。"

国王就说："好，那明天就让它在波罗奈国和摩伽陀国相邻的悬崖上表演。"

第二天，驯象师依约把白象带到那处悬崖。

国王问驯象师："这头白象能以三只脚站立在悬崖边吗？"

驯象师说："这简单。"他骑上象背，对白象说："来，用三只脚站立。"果然，白象立刻就缩起一只脚。

国王又说："它能两脚悬空，只用两脚站立吗？"

"可以。"驯象师就叫白象缩起两脚，白象很听话地照做了。

国王接着又说："它能不能三脚悬空，只用一脚站立？"

驯象师一听，明白国王存心要置白象于死地，就对白象说："你这次要小心一点，缩起三只脚，用一只脚站立。"白象也很谨慎地照做。围观的民众看了，热烈地为白象鼓掌、喝彩。

国王愈看心里愈不平衡，就对驯象师说："它能把后脚也缩起，全身悬空吗？"

这时，驯象师悄悄地对白象说："国王存心要你的命，我们在这里会很危险。你就腾空飞到对面的悬崖吧？"不可思议的是，这头白象竟然真的把后脚悬空飞起来，载着驯象师飞越悬崖，进入波罗奈国。

波罗奈国的人民看到白象飞来，全城都欢呼了起来。波罗奈国王很高兴地问驯象师："你从哪儿来？为何会骑着白象来到我的国家？"

驯象师便将经过一一告诉了波罗奈国王。国王听完之后，叹道："人为何要与一头象计较、嫉妒呢？这样心胸狭窄的人，一定难有作为。"

于是，波罗奈国王发兵摩伽陀国，结果，摩伽陀国王率领的部队大败而归，几乎亡了国。

嫉妒是蔑视个人道德心理的根源之一，嫉妒者虽然从中感到了一种相对的满足，在他们伤害别人的同时，也会将自己的不足暴露无遗，最后伤害更深的只能是自己。

一个人的成功往往是建立在某些优点之上的，我们应该看到这些优点，也许某些优点或成功的经验正是我们所需要的，如果能以一种学习的心态，学习他人的长处，然后努力赶上去，这种选择所获得的满足，远远要高于嫉妒所获得的满足，更为重要的是，这种选择是无害而有益的。

嫉妒是人生的毒瘤，医治嫉妒心理必须认清嫉妒的危害，学会在感情的激流中驾驭理智的风帆，心胸豁达，待人以诚，把嫉妒化为前进的动力，从根本上切断致病之源，这才称得上是明智之举。

要相信，自己的生活是最美的，从感情上为自己设一道防线，绝不能让嫉妒之火烧毁我们的灵魂，这样才能塑造一个比他人更完美、更有作为的自我。

6. 学会赞美，能给幸福加分

喜欢听好话受赞美是人的天性之一。每个人都会对来自社会或他人的得当赞美，而感到自尊心和荣誉感得到了满足。而当我们听到别人对自己的赞赏，并感到愉悦和鼓舞时，不免会对说话者产生亲切感，从而使彼此之间的心理距离缩短、靠近。人与人之间的融洽关系就是从这里开始的。

每个人都需要赞美，每个人也都得到过赞美。赞美犹如生活的“润滑剂”，可以调节人与人之间的关系；赞美犹如和煦的阳光，让人们享受到人间的温情；赞美他人，能给你的幸福加分。

一位家庭主妇厌倦了每日繁重的家务劳动和得不到家人夸奖的一日三餐。在一次晚餐时间，这位女主人为早已坐在餐桌边等着吃饭的丈夫和孩子端上了一盆青草，丈夫和孩子大惊，丈夫责问妻子：“你是不是疯了，人怎么能吃这个？”

妻子却反过来问他们：“我每天辛辛苦苦地为你们做一日三餐，你们从来就没有说过哪一顿饭做得可口，也从来没有人为我的辛苦付出表示理解，所以我以为你们直接吃青草也可以生活下去。”

丈夫生气地说：“我每天在外工作那么累，你做几顿饭又怎么啦！”

听丈夫这么一说，妻子的所有委屈一下子都上来了。于是，一场家庭战争爆发了。

这是一场完全可以用“赞美”解决的家庭战争。这位家庭主妇以一种意想不到的方式表达了自己对长期付出而得不到丝毫赞美的不满，她必定是在内心的愤怒积累到了一定的程度之后，才想出来这样一个巧妙的办法来教训自己的家人。如果丈夫能适度地赞美自己的爱人，感谢她为自己所付出的一切；如果妻子能赞美丈夫为这个家贡献，一家人将会有一个美妙的晚餐。

据有关资料表明，如果夫妻之间能够每天多一点互相赞美，那么每年就不会有那么多对夫妻的婚姻走向灭亡。因此，在你每天的生活中，别忘了为你的爱人留下赞美的温馨，这一点小火花将会燃起爱情的火焰，增加家庭的温馨。

事实上，人与人之间所有情感的互动和彼此间的交流，都需要适当的赞美，经常真诚地赞美别人是聪明人为自己营造良好人际关系的重要方式,也是一种花费最少、收获最多的方法。

一对恋人搭计程车,下车时,男的对司机说:“谢谢,搭你的车十分舒适。”

司机听了愣了一愣,然后说:“你是在嘲笑我吗?”

“不,司机先生,我不是在寻你开心,我很佩服你在交通混乱时还能沉得住气。”

司机没再说什么,便驾车离开了。

“你为什么会这么说?”女的不解地问男朋友。

“我只是想让这个城市多点人情味。”

“靠你一个人的力量怎么办得到?”女的不相信。

“我只是起带头作用。我相信一句小小的赞美能让那位司机整日心情愉快,如果他今天载了20位乘客受了他的感染,也会对周围的人和颜悦色。这样算来,我的好意可间接传达给1000多人,不错吧?”

“但你怎能指望计程车司机会照你的想法做呢?”女的依然有疑问。

“我并没有寄望于他,我知道这种效果是可遇不可求的,所以我习惯多对人和气,多赞美他人,即使一天的成功率只有30%,但仍可连带影响到300人之多。”

“听起来不错,但能有几分实际效果呢?”女的很不屑。

“就算没效果我也毫无损失呀!开口称赞那司机花不了我几秒钟。如果那人无动于衷,那也无妨,明天我还可以再称赞另一个计程车司机呀!”

赞美对于人心而言,犹如阳光对于万物。赞美在增加自己快乐的同时,同样也会给别人带去快乐,这是生活幸福不可缺少的一味佐料。

赞美是真诚的。当你赞美他人时,一定是发自内心的话,如果你经常说一些违心的称赞,那么当你真的要严肃时,人们也很难再相信你了。有很多事情值得你去真诚地赞扬,没有必要说那些不真心的话。

赞美事实而不是人。我们要把赞美的焦点放在别人所做的事情上,而不是他们本身，他们就会更容易接受你的称赞，而不会引起尴尬。

赞美要具体。当赞美的对象是针对某一件事情时，赞美会更有力量。称赞得越广泛越庞杂，它的力量就越弱。因此，赞扬别人时，要针对具体的某一件事情。

掌握赞美的"快乐习惯"。每一次赞美别人时，不但对方快乐，同时也会使你获得满足。这里有一个人性规律：若你不能为任何人增加快乐，那么，你就不能为自己增加快乐！因此，每天至少赞美3个人，那么，你将感受到自己的快乐指数也在不断地上升。

当赞美成为你的一种生活习惯后，你会越来越惊喜地发现，自己周围有许多以前从没有注意到的快乐！

7. 人生在世，难得糊涂

生活中，我们总是会身陷是非之中，然后试图让自己能够还原生活的本质，以证明自己的清白或无辜。殊不知，生活是复杂的，有时候，很多事情很可能越想弄明白，反而越发朦胧难辨了，这就是人们常说的"越描越黑"的道理。

所以，有时候，在一些并非原则性的是是非非面前，我们无须去澄清什么，时间会替我们做出证明的，我们可以装一下糊涂，耍耍滑头，就像什么都没有发生一样，不失为一种机智的做人之道。

我们要想活得快乐，就别把人与人之间的琐事当成是非；有些人常常烦恼，就是因为太在意别人对自己的看法，哪怕有时是他人一句无心的话，自己都有意地接受了下来，暴跳如雷，心中闷闷不乐。其实，是与非本是相对的，外人在不了解内情的情况下是很难作出判断的，不如傻一点，糊涂一点，往往比过于敏感更有利。

白隐禅师是日本的一位修行有道的高僧。在白隐禅师住处附近,有一家食品店,是一对夫妇开的,他们有一个漂亮的女儿。

有一天,夫妇俩发现女儿的肚子无缘无故地大起来。这种见不得人的事,使得父母震怒异常。在父母的一再逼问下,女儿吞吞吐吐地说出"白隐"两个字。

这对夫妻更是怒不可遏地去找白隐理论,白隐听完了对方的辱骂,只淡淡地应道:"就是这样吗?"

可事情并没有完,等那位姑娘肚中的孩子降生后,姑娘的父母竟毫不犹豫地将婴儿送给了白隐。这着实是让白隐禅师难堪的事,街谈巷议不绝于耳,一位出家的和尚,竟与民女通奸,还生了孩子,这是多么荒唐的事呀!

白隐禅师因此名誉扫地,但他并不介意,依然心静如水,没有任何辩解,只是认真、细心地照顾着孩子。他向邻居乞求婴儿所需的奶水,买来婴儿用品,不管是横遭白眼,还是冷嘲热讽,他总是处之泰然,仿佛自己是受人之托抚养别人的孩子一般,他只想让那个孩子一天天健康、快乐地成长。

一年后,那位没有结婚的妈妈,终于经不住良心的折磨,她老老实实地向父母吐露真情:孩子的生父是在鱼市工作的一名青年。姑娘的父母得知真相后,羞愧万分地去跟白隐禅师赔礼道歉,并抱回了孩子。

白隐禅师依然淡然如水,在交回孩子时仍然只是轻轻说道:"就是这样吗?"

生活中的矛盾之所以产生,源自每个人的立场不同。凡事都要争个是非的做法并不可取,有时还会带来不必要的麻烦或危害。如当你被别人误会或受到别人的指责时,这时如果你偏要反复解释或还击,结果就有可能越描越黑,事情越闹越大。最好的解决方法是,不妨保持内心的平静,装一下傻,就当没听见,没看见,不去理会。

糊涂并不代表愚蠢和无知,它代表着出于自然的意志、天真率直以及超凡的灵感,这种糊涂其实是最大的聪明。没听说过"大巧若拙""大智若愚”一说吗？

那些总是争出个是与非的自作聪明者，常常反被自以为是的小聪明所累。他们以为自己的强势就是一种胜利，成天想着怎样算计别人以及怎样防止被别人算计，他们的心胸狭窄到了不敢相信任何人、也不能容纳任何不同观点的地步。与那些天真率直的“傻瓜”相比，这些聪明人活得更辛苦，他们永远都体会不到被他们称为“傻瓜”的那一类人的轻松和幸福。

事实上，那些给自己套上心灵枷锁的所谓“聪明人”才是真正的傻瓜，难道不是如此吗？太过聪明者往往都会“聪明反被聪明误”，三国时期的杨修不就是最好的例子吗。

生活中的很多事情无须弄得清清楚楚，难得糊涂，不仅让自己活得轻松一些也让身边的人活得轻松一些，这样你的周围也显得一片和气。那些原则、那些度，是需要自己不断地在生活中慢慢理解、慢慢积累的经验，真正掌握了“难得糊涂”才能真正地活得精彩。

与其活得那么累，不如装装糊涂，有什么不好。生活中少些多余的认真和计较，多些自信和信任，多些聪明的糊涂，多些理解和谅解，生活就一定会多些开心、快乐和和谐。

第七章　为之怡然，体验高尚情趣的惬意

一个人最快乐的事就是，在工作之外，还有自己感兴趣的事情可做。培养多元化的高尚兴趣，也是一种心性的调剂，我们若能在生活中培养一些嗜好，如读书、绘画、运动、养花等等，可以帮助我们理性思维加上感性诉求，让自己在体验高尚情趣惬意的同时，还能让闲暇的生活充实有益，又丰富多彩。

1. 培养爱好，情趣无限

现代人的生活是丰富多彩的，就像太阳光中包含着七色光彩一样，除了学习、工作以外，你还应该有丰富的业余生活，以增加生活的色彩，从中感受生活的乐趣，否则日子就像墙上的挂钟一样变得单调乏味。

人们的兴趣爱好是多种多样的，因人而异，比如毛泽东喜欢游泳，周恩来擅长打乒乓球，温家宝喜好棒球，布什爱好骑山地自行车，普京是柔道高手，相对于这些名人而言，普通人的业余时间更多，更应该有效地利用这些时间培养自己的兴趣爱好，这是快乐人生的一部分。

发展兴趣爱好的领域十分广泛，有的人喜欢体育活动，想把自己的身体锻炼得更加健美；有的人喜欢听音乐，唱几首动听的歌曲；有的人爱看小说，偶尔动手写几首诗，以陶冶自己的情操；有的人喜欢旅游，去看看祖国的锦绣河山和社会主义现代化建设的巨大成就，以增长见识和加深对祖国的感情；有的人喜欢绘画，想通过自己的画笔，画出绚丽的现实和未

来的理想;有的人喜欢科技和智力活动以提高自己的创造性思维能力,等等,不一而足,各人喜爱什么,不必强求一律。

但是,兴趣爱好就像一把双刃剑,格调有高低之分,有正当和不正当之别,好的兴趣爱好可以陶冶情操,提高个人的审美能力,加强道德品质的修养,增加生活情趣;不好的兴趣爱好可以让人玩物丧志,甚至毁了人的正常生活。因此,培养格调高的、正当的兴趣爱好,是十分必要的。

一个人的兴趣爱好是否正当,主要取决于这个兴趣爱好是否有助于人的身心健康,是否能使人精神振奋,如果这个兴趣爱好让人意志消沉,使人失去理想,趋向颓废、庸俗,那么这个“爱好”就成了恶习。

诺贝尔物理学奖获得者杨振宁博士说:“成功的秘诀在于兴趣。”在历史上,许多在事业上有建树的伟人,都有着广泛的兴趣爱好。当他们完美的个性和正当的兴趣爱好密切结合起来时,他们就会创造出不一般的成就。

著名的博物学家达尔文幼年时期和其他孩子一样,看不出有什么“天才”的灵感。但从7岁开始,他突然对风干的植物和死了的昆虫感兴趣了,开始搜集各种乱七八糟的东西,并在家里自己做起了化学实验。由于当时的教育还属于古典式的,他的这一行为很快受到了校长的训斥,校长认为他所做的一切与学习无关。

好在达尔文的父亲非常支持孩子的兴趣和爱好,他把花园里的一间小棚子交给孩子用来做化学实验。

10岁那年,达尔文到威尔士的海岸去度假,他在那里观察和采集了许多海生动植物的标本。这时的达尔文爱好幻想,有一次,他在众人面前宣称,他搜集的几块化石是价值连城的奇珍。人们却认为达尔文养成了说谎的不好习惯。达尔文的父亲却不想制止孩子的想法,他认为:“这个孩子富有想象力,这很可能是一种才能,有一天他可能会把这种才能用到正事上去。”

达尔文开始把观察到的一切详细记录下来,对每一个标本都做了一些简单的记录,有时还画上一些插图。为了准确地记录各种动植物和现象,达尔文阅读了许多优秀的文学作品,不断地提高着自己的素养。

在这种兴趣的驱使下，达尔文从小就养成了搜集动植物标本的爱好，并富有幻想，学会了做严格科学的记录，也学会了用优美准确的语言来表达自己的观察所得。而这一切，正是他在日后作出成就所必需的东西。

一个人所拥有的高尚品德、渊博知识、高超才能、坚强毅力和健全体魄等等，并不是在学习和工作中都能得到的，很多都是需要在广泛的兴趣爱好中锻炼、培养和积累的。要是没有一定的兴趣爱好，精神生活就会变得极其贫乏，人生枯燥乏味，学习和工作也会因此而缺少动力。

兴趣爱好不是天生的，最开始一般源于人们的好奇心。当人们在学习、工作中，对某些领域的知识或事物有了一定的接触，时间一长，就产生了一定的兴趣。在这个过程中，每个人的人生观不同，经历和生活环境也各异，因而对闲暇时间的支配方式有很大的差异。

你可以把自己的工作与学习的时间延伸到自由时间中去，将解决工作和学习上碰到的新问题、新难题作为一种兴趣，说不定生活感性，会让你迸发出创造性的思想火花；你可以利用闲暇时间开发自己的潜能，开创“第二职业”，释放出更多的能量；你还可以听音乐、看书、逛公园、参观展览，在得到了休息的同时，又提高了文化素养；你甚至可以品茶聊天、下棋解闷、闭目养神，消遣时光。

培养多方面兴趣爱好并不一定为了经济因素、事业因素，只要是科学的、合理的，这些兴趣爱好都是无可指责的。只是培养多元兴趣也是一种心性的调剂，可以帮助我们理性思维加上感性诉求，一旦这一诉求过度或者无聊，人的内心就显得空虚、精神显得麻木，时间和生命就会停滞。

也就是说，当我们闲暇时间愈来愈多的时候，在感性生活的过程中，还需要带一点理性的智慧，让积极进取兴趣爱好取代消磨、打发日子的方式，减少闲暇时间的无谓损害，让闲暇时间过得既充实有益，又丰富多彩。

2.

音乐舞蹈，欢歌笑语

工作的繁忙让人们身心疲惫，业余生活对大多数人来说，一般是用于恢复体力、调剂精神，以便更好地学习和工作。健康的娱乐活动就可以带来这样的效果，可以带给人感官上的快乐，同时也带给人以思想、精神的满足和欢愉，例如，音乐和舞蹈。

音乐具有独特的魅力。我国古代名医朱震亨说："乐者，亦为药也。"清代吴尚先认为"七情之病，看花解闷，听曲消愁，有胜于服药者矣"。而宋代欧阳修以弹琴、听琴治愈自己的抑郁症，以弹琴作为治疗手指的运动障碍。

我国古代先民通过长期的社会生产实践，很早就知道音乐对人的情感和心理活动有着重要的影响。古籍《礼记》一书中提到"乐者心动，乐者德之华""乐者音之所由生也，其本在人心之感于物也"。《乐言》篇非常精辟详细地论述了音乐对人的情感心理的影响：微弱而充满焦虑的音乐，会使人产生忧心忡忡的情绪；舒畅和谐而内容丰富、节奏鲜明的音乐，使人感到安康和快乐；粗犷威严，充满激情的音乐，会使人产生严肃崇高的情感；洪亮柔和的音乐，会使人产生慈爱的情感；邪僻、淫佚泛滥的音乐，会使人产生淫乱的情思。

在不同的文化中，美妙的音乐都是心灵疗愈的天然良药，不仅让人们心情愉悦，还能缓解疼痛、改善记忆、增强注意力，甚至用于抑郁症和精神分裂症的治疗。

科学家发现，莫扎特钢琴曲和巴洛克式音乐每分钟有 60 次节拍，它可以同时激活左右脑，使人记忆能力达到最佳状态。研究表明，接受音乐教育的孩子拥有更好的听觉记忆。在各种类型的音乐中，纯音乐更有助于提升记忆。此外，旋律简单悦耳的古典音乐还能提高注意力，这种效果对任何年龄段的人都很明显。当你身体的每个细胞随着悦耳的音符跳动时,你的生命也将因此而更具活力。

如果你因工作压力而长期失眠,不如听听古典音乐。古典音乐能减少交感神经活动,从而放松肌肉、降低血压、减少焦虑,使心跳和呼吸频率趋缓。研究显示,失眠者每天睡前听 45 分钟巴赫的音乐,能起到助眠作用。

音乐的神奇远不止这些,它还能有效减压。音乐的减压功效适用于每一个人,甚至新生儿。曲调欢快的音乐能驱散心中的阴霾,让人乐观向上,帮你更好地应对挑战。音乐还能在运动中给你能量,当你在健身的过程中带随身听,你会感到身心无比的轻松,有着无穷的力量。

音乐除了具有神奇的功效外,还能在不知不觉中,转移个人的思想感情。德国音乐家梅亚贝尔的故事就能说明这个问题。

有一天,德国音乐家梅亚贝尔为了一点小事,和妻子争吵起来。争吵过后,双方余怒未消,谁也不肯主动向对方认错。为了让自己平静下来,梅亚贝尔坐到了钢琴旁,弹起了友人肖邦送来的乐曲《夜曲》。指尖一触到琴键,他就立刻振奋起来。优美的旋律,在他那轻盈跳动的手指间流泻飘扬开来,时而如流水般秀丽,时而如海啸般激越。美妙的乐曲让他将心中的不快忘记得干干净净。

美妙动人的旋律同时也驱散了妻子心中的恼怒,她忘情地沉醉在乐曲之中,浑然不知地一步一步走到钢琴旁。妻子先是随着乐曲的节拍频频点头,继而离开座位翩翩起舞。当乐曲戛然而止时,妻子如梦方醒般地奔向丈夫,发狂似的拥抱亲吻着他。

还有一件趣事。梅亚贝尔爱睡懒觉,但他的妻子总有办法让他起床,这就是在客厅里弹上一段钢琴曲的开头。而每当这时,梅亚贝尔就会立即走过来接着弹,因为梅亚贝尔有个习惯,他不能容忍任何一段有头无尾有始无终的曲子。就这样,随着从指尖上流出的美妙乐曲,他睡懒觉的困意也就立刻无影无踪了。

我们不禁感叹道:多么神奇的力量!不错,正如罗马修辞学家朗吉努斯所说:“和谐的乐调不仅对于人是一种很自然的工具,能说服人,使人愉快,而且还有惊人的力量,能表达强烈的感情。”因此,在闲暇时间能与健康的乐曲相伴,从中得到美好情感的陶冶,提高自己审美的欣赏力和感受力,不仅是一种极好的休息方式,更是一种生活情趣的体现。

事实上,大多数人都喜欢音乐,不论是在上下班的途中,还是在闲暇时间,我们都喜欢带着 MP3、手机听音乐,悠扬、抒情的乐曲会带给我们无限美妙的遐想,伴随我们度过无数美好的时光。

有些时候,我们甚至不满足于独自分享美妙的音乐,还会找一群志同道合的朋友一同到室外或 KTV 唱歌。一曲温情的歌,会立即引起大家的唱和,没有人关心音调对不对、声音大不大。这样的场合,每位歌唱者都会神采飞扬,许多美好的情感尽在歌声中得到充分的交流。如果这时有谁怀抱吉他,边弹边唱,更是增添了无限的情趣。在此刻,仿佛时间就此打住,每个人都沉醉在欢乐的气氛里,这对于现在的生活而言实在是太惬意了。

在欢歌笑语中,很多人会翩翩起舞。伴着抒情的音乐,舞者敞开心扉,与轻盈的节拍融合在一起,身体缓缓摇摆;在激烈的节拍下,舞者不禁甩动四肢,腰肢扭动,毫无顾忌地舞蹈,心与身躯跟着节奏,似乎永远不愿停驻。

舞蹈就如生活的舞伴,可以简单,也可以波澜起伏。简单轻缓的节奏让你感受到生活的淡雅、恬静、和谐与完善;激烈刚猛的节奏让你感受到生活的激情、跳跃、快乐与汗水。听到音乐时,不妨随之舞动起来吧!

生活就是这样,一首歌,一曲舞,都能让人感到愉悦,都能传递情感,都能展现人生美好的价值和内涵。

3.

读书写字，诗情画意

书籍是人类进步的阶梯。读书能增长知识，提高修养，开阔视野，愉悦思维，陶冶情操。生活中是不能没有书籍的，大文豪莎士比亚说："生活里没有书籍，就好像没有阳光；智慧里没有书籍，就好像鸟儿没有翅膀。"

读书是一种生活方式，是其他任何休闲方式所不能替代的。很多名人都有读书这一大嗜好，甚至到了"痴迷"的地步。

闻一多读书成瘾，一看就"醉"。结婚那天，洞房里张灯结彩，热闹非凡，亲朋好友登门贺喜，迎亲花轿都快到家时，人们却到处寻找新郎。结果，闻一多正迷"醉"在一本书之中，忘记了结婚的大事，当人们找到他时，他仍穿着旧袍。

著名的数学家华罗庚读书的方法与众不同。他拿到一本书，不是翻开从头至尾地读，而是对着书思考一会儿，然后闭目静思。他猜想书的谋篇布局，斟酌完毕再打开书，如果作者的思路与自己猜想的一致，他就不再读了。华罗庚这种猜读法不仅节省了许多读书时间，而且培养了自己的思维力和想象力，不至于使自己沦为书的"奴隶"。

相声语言大师侯宝林只上过3年小学，由于勤奋好学，他的艺术水平达到了炉火纯青的程度，成为了有名的语言专家。有一次，他为了买一部明代笑话书《谑浪》，跑遍了北京城所有的旧书摊也未能如愿。后来，他得知北京图书馆有这本书，就决定把书抄回来。当时正好是冬天，北京的冬天大风大雪，侯宝林一连18天都跑到图书馆里去抄书，一部10多万字的书，终于被他抄录到手。

数学家张广厚有一次看到了一篇关于亏值的论文，觉得对自己的研究工作有用处，就一遍又一遍地反复阅读。这篇论文共20多页，他反反复复地念了半年多。因为经常地反复翻摸，洁白的书页上，留下一条明显的黑印。他的妻子对他开玩笑说："这哪叫念书啊，简直是吃书。"

文学家高尔基也是爱书如命。有一次，他的房间失火了，他首先抱起的是书籍，其他的任何东西他都不考虑。为了抢救书籍，他险些被烧死。他说："书籍启示着我的智慧和心灵，一帮助我在一片烂泥塘里站起来，如果不是书籍的话，我就沉没在这片泥塘里，我会被愚蠢和下流淹死。"

与这些名人比起来，由于普通人的主要兴趣不在这方面，很多人难以达到他们对读书痴迷的程度，对普通人而言，在闲暇之余，不需要体验过去"头悬梁"、"锥刺股"式的痛苦，只是将读书视为一种休息、一种解脱、一种消遣、一种快乐的方式。疲劳时，读书可以解困；烦闷时，读书可以宽心；兴奋时，读书可以警醒；悲伤时，读书可以忘忧；失落时，读书可以励志，从书中我们体会到的是"悦读"的快乐。

读书是一件快乐的事，首先要有浓厚的兴趣，你必须选择一本自己喜欢看的书，不然的话，你就无法从书中感受到乐趣。不要读任何无法吸引你的书，这是一条适用任何时候读书的原则。你可以选择一本以前看过的书，或一直想要读的书，或者是最后一分钟才从脑袋中冒出来的一本书。你可以窝在床上看，靠在沙发上看，也可以搬个椅子到室外看书，不过一定要注意保护视力。如果这本书抓住了你的注意力，引起了你的兴趣，那就继续读下去，你会从中获得知识或快乐。如果你在半小时之后，还没有被这本书的内容吸引住，那么把它放下，换另一本吧！

"悦读"是很重要的。当然，不要去阅读一些有害思想健康的书籍，同时在读的过程中，不妨加入一些思考，这样不但有利于记住书中的东西，还能增加你的一些看法，至少做到有些收获。读书如同吃饭，不仅是一种需求，还要"消化"掉。

读书对于不同的人有不同的乐趣，但是读书给人恬淡、宁静、心安理得的快乐，却是名利、金钱不可比拟的，如果你的生活没有书籍相伴，你一定会觉得缺些什么。为了不让自己的生活留下遗憾，拿起书吧，相信你一定能从中获得不少乐趣！

当你在读书的过程中，如果还有书法、绘画等方面的业余爱好，那么你将在业余生活中领略到另一番情趣。

书法、绘画不仅是一种艺术，更是一种健康的生活。当你去钻研书法时，你会被甲骨文的高古深邃、篆书的古茂雄健、隶书的典雅秀美、楷书的端庄和谐、行书的流畅自然、草书的飞动飘逸，所深深吸引，感慨中国书法艺术的多彩多姿。当你翻开历史的画卷是，你会惊叹流丽的彩陶、沉迷青绿水墨、感叹流派的纷呈、画技的娴熟，惊叹永远鲜活的历史画卷。当你笔走龙蛇、泼墨丹青时，你会在点、线、章法、结构的玩味中陶冶性情；当你体会意境时，你又将于无声中实现情感的升华。如果遇到同道，你还可欢聚一堂，相互观摩，相互切磋交流，这也别有一番情趣。

书法、绘画毕竟属于艺术的范围，爱好者利用业余时间学习书法、学习绘画，不可能一蹴而就的，需要长期的坚持和努力。此外，爱好者还应提高自己对书画的鉴赏能力。所谓爱好，并非要达到某中高度，自娱自乐，其乐无穷。这是一种消遣，一种自我休养方式，仅此而已。

4.

养花喂鸟，鸟语花香

我们常常希望“幸福像花儿一样盛开”，花跟幸福一样，都是美好的事物。我们期盼着春天的到来，守护着花开的绚丽，深深地吸闻着遍地花开的芳香，也梦想着自己躲在花的海洋之中。于是，爱花、养花成为无数人的一种业余爱好，无论城市、乡村都蔚然成风。

家庭养花具有很大的好处，可以改善居住环境，实施绿色环保。花香与健康花香是由挥发性化合物组成的，其中含有芳香族物质，酯类、醇类、醛类、酮类和萜烯类物质。这些物质能刺激人们的呼吸中枢，从而能刺激人加快吸氧和排出二氧化碳的速率，使大脑得到充足的氧气。花香还能促进细胞发育，增强智力，对神经和心血管有很好的保护作用。例如丁香、茉莉可使人宁静、放松，放置于卧室有利于睡眠。玫瑰、紫罗兰可使人精神愉快，焕发人的工作欲望。田菊、薄荷能使孩子聪明；夜来香、锦紫苏等气味有驱蚊除蝇作用；仙人掌、文竹、常青藤、秋海棠气味有杀菌、抑菌之力；丁香有镇痛之功效。

花卉的颜色对人体的作用效果也很明显。如在发烧病人床头摆上一盆盛开的蓝色鲜花，可以使病人镇静爽神；长期用眼用脑的人若经常面对一丛翠嫩欲滴的绿色的盆景，顿时会消除身心疲劳。心理学家认为，绿色是最平静的颜色，能带给人以宁静的感受，是任何时候都不会使人感到厌倦的；红色系花卉给人以暖意，激发人们奋进的热情；黄色系花卉能引起人们向上、愉悦等联想；白色系花卉给人洁净的感觉；蓝色系花卉能使人沉静、沉着；紫色系花卉能使人产生高贵、优雅、神秘等联想。花卉以它绚丽的风采，把大自然装饰得分外美丽，给人以美的享受。

养花最大的乐趣在于能够增添生活的情趣，使生命更富生机，陶冶高尚情操，激发对生活的情感。作家老舍在散文《养花》中将这一情趣表现得淋漓尽致。

我爱花，所以也爱养花。我可还没成为养花专家，因为没有工夫去研究和试验。我只把养花当作生活中的一种乐趣，花开得大小好坏都不计较，只要开花，我就高兴。在我的小院子里，一到夏天，满是花草，小猫只好上房去玩耍，地上没有它们的运动场。

花虽然多，但是没有奇花异草。珍贵的花草不易养活，看着一棵好花生病要死，是件难过的事。北京的气候，对养花来说不算很好，冬天冷，春天多风，夏天不是干旱就是大雨倾盆，秋天最好，可是会忽然闹霜冻。在这种气候里，想把南方的好花养活，我还没有那么大的本事。因此，我只养些好种易活、自己会奋斗的花草。

不过，尽管花草自己会奋斗，我若是置之不理，任其自生自灭，大半还是会死的。我得天天照管它们，像好朋友似的关心它们。一来二去，我摸着一些门道：有的喜阴，就别放在太阳地里；有的喜干，就别多浇水。摸着门道，花草养活了，而且三年五载老活着，开花，多么有意思呀！不是乱吹，这就是知识呀！多得些知识绝不是坏事。

我不是有腿病吗，不但不利于行，也不利于久坐。我不知道花草们受我的照顾，感谢我不感谢；我可得感谢它们。我工作的时候，总是写一会儿就到院子里去看看，浇浇这棵，搬搬那盆，然后回到屋里再写一会儿，然后再出去，如此循环，让脑力劳动和体力劳动得到适当的调节，有益身心，胜于吃药。要是赶上狂风暴雨或天气突变，就得全家动员，抢救花草，十分紧张。几百盆花，都要很快地抢到屋里去，使人腰酸腿疼，热汗直流。第二天，天气好了，又得把花都搬出去，就又一次腰酸腿疼，热汗直流。可是，这多么有意思呀！不劳动，连棵花也养不活，这难道不是真理吗？

送牛奶的同志进门就夸"好香"！这使我们全家都感到骄傲。赶到昙花开放的时候，约几位朋友来看看，更有秉烛夜游的味道——昙花总在夜里开放。花分根了，一棵分为几棵，就赠给朋友们一些；看着友人拿走自己的劳动果实，心里自然特别欢喜。

当然，也有伤心的时候，今年夏天就有这么一回。三百棵菊秧还在地上（没到移入盆中的时候），下了暴雨，邻家的墙倒了，菊秧被砸死三十多种，一百多棵。全家几天都没有笑容。

有喜有忧，有笑有泪，有花有果，有香有色。既须劳动，又长见识，这就是养花的乐趣。

春赏花、夏赏香，秋赏果、冬赏青。养花的喜与忧，笑与泪，花与果，香与色，就是人生写照，难道这不是人生的一大乐趣吗？

除了养花外，如果你喜欢鸟、狗、猫等小动物，你都可以尝试着跟它们培养感情，时间久了，你会发现它们也是有感情的。你还可以去钓鱼、捉虾，只要你有这方面的爱好，有时间，完全可以去海钓、溪钓，或到池塘钓鱼，这些都不重要，重要的是，你和一两个朋友一起度过了最悠闲的一天，可以尽情闲谈，可以享受轻松无所求的一天。

对于生活在现代社会的人来说，能与大自然亲密地接触是最惬意的事情了。花、鸟、鱼、虫，是大自然里最富灵性的事物，不管是养花喂鸟，还是钓鱼捉虫，千万不要在乎究竟养了多少花，喂的什么鸟，钓了多少鱼，捉了多少虫，关键在于你是否怀着一颗愉悦的心情去做这些事，在做这些事的过程中你是否体验到了快乐。

人是自然的一部分，人的生命与其他生物，与自然环境相依存，这种依存不仅表现在物质上，有很多时候也体现在精神感受方面。当你将自己的时间和情感投入到大自然时，你不仅能感受到大自然花鸟虫草之美，充实了业余生活，而且还可以安抚你那颗长处都市之中浮躁的心灵。

5. 踏青旅游，陶冶情操

旅游，对现代人来说是休闲、减压的绝佳生活方式。随着我国经济水平的不断提高，居民收入增多，现代社会赋予旅游一种全新的观念，旅游不单单是一种消费，一种排遣，还有一种多方面的收获，它既可修身养性，又可怡情益智；既是一次紧张之余的调剂，更是补充精神生活的营养品。

我们常说："读万卷书，行万里路。"游历山川湖海是获取知识的一个重要途径。我国幅员辽阔，历史悠久，文化灿烂，民族众多，物产丰富，处处遍布着寓考察、学习、教育于旅游之中的天然课堂。无数的名山大川，丰富的地质地貌，繁多的植物物种，变幻莫测的气象水文，悠久的历史文化遗址，热情纯朴的民族风情，还有遍布全国各地的石窟造像，藏于名山大川的古刹宝塔、精美雕刻，散布于各大风景区的摩崖石刻、书画题记，扑朔迷离的山光水色、雾海佛光，都是不同旅游爱好者寻幽探微、研摹书画、绘画摄影、陶冶心情的极好场所。

你可以在湘西凤凰古城感受每一座城门、每一段古墙、每一条巷子、每一块红石板，那里处处流露着厚重的历史精粹文化气息；你可以去丽江追寻“一米阳光”的传说，漫步街道享受午后慵懒的阳光；你可以和自己心爱的人泛舟西湖，相信在这个浮躁的时代，你能体验到一份久违了的美感与真情；你可以在西藏高原天空下让灵魂得到净化，感受如孩童般简单和纯粹的内心；你还可以坐在竹排上在漓江漂流，看着江底的鱼儿，如至仙境……

当你领略无限风光走向自然的同时，还能全面地丰富自己的知识和阅历、开阔眼界和襟怀，对事业而言何尝不是一种补充。

如果你的时间比较紧张，不能作长期的旅游规划，没关系，你可以去春游踏青，或者组织一次露天野宴，也是别有一番情趣。这样的活动不必大费周折，你只要在一个周末，邀请几个朋友或亲戚加入，选一个你觉得很好的绿地，到公园去也可以，或坐车，或骑车，或开车，或步行，做一次短程旅行，就可以带你亲近许久未曾拥抱的大自然。

春游踏青不仅能使人在美好的大自然中开阔心胸，陶冶情操，而且能强身健体，对健康极为有益。当你置身于绿野之中，在青山绿水中放眼远眺，春风拂面、芳草如茵，会使你顿感心旷神怡，平添青春活力。

如果你想露营野餐，那么召集大家带着各自最喜欢吃的野餐食物，以及睡袋、帐篷、冰桶、炉子、提灯、手电筒等简单装备，就可以一同出发到一个绿草如茵的地方。当你们在树丛间、在溪流边，可以远眺群山，或者是在湖边或海边享用食物时，是什么感觉？你们可以尽情地享受每一口食物，享受大自然的光和景，你们还可以玩一两个游戏，或是打打羽毛球和排球。晚上，你可以在群树、飞鸟、星辰和寂静中选个适合的地点搭帐篷、起炉火，席地而坐，围着篝火，哼着小曲。你还可以抬头看看天上的星星，然后安静地吹熄提灯，进入梦乡遨游。第二天，你将在鸟语花香中醒来。

你是否会感叹：这就是我向往的生活！那么，不要犹豫，赶快行动吧！

如果你想更刺激点，不妨开展一次没有目的地的旅行，或者计划一次探险活动。离开了你所熟悉的环境，不要决定你要到哪里去，只管坐车就好，然后让你的直觉引导你前行吧！如果你喜欢某个高速公路出口或站牌的名称，就跟着走或下车，在那里待一会儿，看看感觉如何。你要是喜欢那里的东西，那就继续下去，要不然，就回到高速公路上，或者沿着马路再往前去。一路上跟你的心情保持联系，以便找出这次旅行的意义。在某些地方你可能会感到焦躁或迷惑，那就继续走，等到你觉得很舒服时，也许这就是停下来的好地方，不妨在此休息一下，沉浸在这样的气氛里。让自己一整天都在流浪，就好像这整个国家就是你的家，而你只是随兴所至，拜访一下陌生的地方而已。

当你的旅行或探险之旅结束时，你会发现它就变成你人生经验中的一部分，然后你会对这次奇妙的旅行的存在感到很自在，对自己的胆量和气魄感到很骄傲，你甚至还会计划着下一次探险活动，试着更大胆一点。

生活就是如此，幸福和快乐总是在不停地探寻中得到的。人都是大自然的一部分，当你脱离大自然久了，你的心就会累，就会感到迷茫，这时你需要回归自然，在广阔的天地间，亲密接触大自然的万物，你才能洗去心中的尘埃，轻松地回到现实生活之中。

6. 追求情调，活色生香

人们总是在感叹岁月的无情、生活的残酷。为了不让岁月磨蚀心灵，日子磨损精神，给心灵以养料，让精神得以滋补，每个人都希望活得愉快一点，洒脱一些，这就需要情调。

在这个物欲横流的社会中，很多人把穿名牌、开豪车、住大房、说洋文，看作是一种“情调”，认为自己“品位高尚”，殊不知，这些东西将自己淹没在金钱的阴影中，失去了真我，“情调”已经成为一种负担，这些东西只能给他们带去短暂的快感，无法拂去他们内心的空虚。

什么是情调？情调不是用财富堆砌出来的，而是个人修养的体现，是一种品质、一种浪漫。情调源自生活却高于生活，是对普通生活的精美“包装”。情调也许会出现在你品咖啡的刹那，也可能展现在你为爱人精心准备的一顿烛光晚餐中，还可能是你对艺术的一种高雅追求。总之，情调可以是随意的阳光，但不能是夏天的炎日，可以是淡雅的月色，但不能是乌云遮月。

情调是一个人思想感情表现出来的格调，是对生活的态度，在那充满了审美情趣，浪漫而高尚的情调中，人们可以在生活的艰辛中看到希望而不绝望，在困难面前有勇气而不泄气，在紧张时感到轻松而不是压抑，在杂乱中保持沉着而不是急躁。高尚的情调能使人获得身心的健康，永远充满活力。

当你每天奔忙之后，如果能试着让自己的心情愉快一点，精神放松一些，培养自己的情调，找适合于自己的事儿做，或读书写字，或绘画做文章，便可用比较宁静而充实的生活，忽略掉眼下一切生存的不愉快，用内心丰富的感觉，挣脱一切思想的负担和世俗的羁绊，抗拒外部一切因素的侵扰，安静地享受属于自己的生活。

查韦斯是委内瑞拉总统。他是拉美地区的传奇人物，在他的简历中且不提显赫的军功奖章，单是艺术上的造诣，就已经是满满的一篇。

查韦斯1975年在委内瑞拉军事学院获得了陆军工程军事科学和艺术硕士学位，他参加过全国的、军队的和大学的棒球比赛并得到过奖，写过小说和诗歌，他的一部戏剧作品还在全国比赛中得过三等奖。

查韦斯还主持了《你好，总统》这档电视节目，并在这个节目中隆重介绍自己的现场演唱专辑《永远的歌》。这张CD中收录的都是他曾经在《你好，总统》栏目中演唱过的民歌小调。

查韦斯的艺术修养，不仅仅表现在能够演唱委内瑞拉的平原地区民歌，他的博闻强记、阅读范围之广也很惊人。他常常在自己主持的节目中，向观众推荐自己喜爱的文学、政治、经济类书籍。他对雨果的《悲惨世界》情有独钟，曾让文化部印刷了50万套《悲惨世界》，向老百姓免费散发。查韦斯还经常大段背诵玻利瓦尔等伟人的语录，而且表现出对聂鲁达、鲁文·达里奥等诗人作品的熟悉和喜爱。

查韦斯热爱写诗。1982 年 1 月，在他挚爱的祖母下葬后，他曾写下了一首诗献给祖母，他年轻时还为战友写过长诗，甚至还为竞选作过一首诗："我所做的一切都是为了爱。"

显然，查韦斯的业余生活丰富充实，而他所享受的欢愉生活情调也是无限的。查韦斯的艺术追求无形中让人感到了他的高雅与修养，这是金钱所不能装饰的，它来自于生活，却是对生活更为精致的表达。

生活中，我们常会遇到这样的人：他们有一个面积不大的小家，家具简单，井井有条，你总能在他们家里发现一些摆设恰到好处的盆景或是一个精致的小挂件，这个简陋的小家里永远洋溢着田野的清香。家的主人平静而自信，你常常会折服于他们优雅的气质、迷人的仪态、高雅的谈吐。这就是情调带给他们的生活，或者说这就是他们生活中的情调。他们不为岁月和年龄所限制，不为金钱所迷惑，用自己的智慧和修养，为自己打造一个有情趣，有格调的美好生活。他们知道，人生短暂，哪怕自己并不成功、不富有，也要培养出情调的意境，洋溢出远离繁杂的轻松洒脱。

当然，情调生活无法替代全部生活，我们的生活需要积极的探索、紧张的思考、富有意义的遐想，这些是不可能从情调生活中获得的。因此，人们总是在情调的前面加上一个"小"字，这说明情调永远只能点缀生活中的一个角落或者一个层面，切勿过度。

情调只是调节生活枯燥的乐曲，生活的本质是柴、米、油、盐、酱、醋、茶，当你厌倦了这些东西时，你如果能把锅、碗、瓢、盆的交响看作是一段插曲，那么情调就会变成你充实生命空虚的力量，但最终你还是要回归于生活的本质。

7.

学习养生，预防疾病

健康是一个人成功的基石，健康是幸福的源泉，也是一切事业最重要的财富。如没有一个健康的身体，纵然你有经天纬地的超世之才、有堆积如山的金银财富，一切都是枉然。人人都知道健康的重要性，很多人却没有守住健康的"大门"，特别是年轻力壮的人，他们往往只是在大病过后或人到中年，才觉得健康的重要，此时身体的健康已受到损害或有潜在的威胁，虽然亡羊补牢，尤为晚矣，总不如未雨绸缪，及早预防着好。

如何预防疾病，是一门高深的学问，需要人们用一生的时间去学习健康养生的知识。健康养生大致可以表现为这几个方面：讲究饮食平衡、保持精神乐观、良好的生活习惯、坚持生活有节、重视体育锻炼等。

病从口入，这是一个常识。均衡的饮食，是保持身体健康的基础。均衡饮食是科学的饮食方法。首先，食物不能太单一，要多样化，以谷类食物为主，多吃蔬菜水果、奶类和豆类制品，适量吃一些鱼、禽、蛋和瘦肉等，少吃肥肉；其次，要掌握饮食量，不要暴饮暴食；最后，要多吃些清淡少盐的食物，注意饮食的安全卫生。

多吃豆类、蔬菜水果，少吃糖可以减少脂肪的生成，蔬菜水果中含有不少纤维素帮助我们清理肠道，它在人的消化和排泄中起了不可替代的作用。少吃脂肪不代表不吃脂肪，脂肪是人体的必需的物质能，它可以保护身体、维持体温，所以要有度地摄入。蛋白质虽好，但也不能过多地摄入，蛋白质在人体内不能保存，过多的蛋白质不仅会转化为脂肪，还会生成有害毒素，危害我们的身体健康。多种多样的食物可以提供多种人体必需的维生素和微量元素，改善身体状况。

保持积极、乐观的心态对健康长寿十分的重要。早在两千多年前，我国医学就已经注意到心志与疾病预防的关系，将五脏分别对应 5 种情志，肝在志为怒，心在志为喜，脾在志为思，肺在志为忧，肾在志为恐。《内经》

明确指出"悲则气消"、"思则气结",这说明消极的精神状态会消耗人体正气和影响人体气机的正常运行。现代临床观察也证明,心态与适应能力差的人比心情豁达舒畅之人,更容易患高血压、心脑血管疾病、胃溃疡甚至癌症等疾病。

那么,在日常生活中,我们应该怎样保持乐观的心态,防病于未然呢?宋代的大诗人陆游为我们做出了很好的表率。他一生曲折坎坷,晚年闲居山阴,生活拮据,但却豁达乐观,写出"纷纷谤誉何劳问,莫厌相逢笑口开",不将名利记心头,逆境之中笑口常开,就算是"昨夕风掀屋,今朝雨淋墙,虽知柴米贵,不废野歌长"。陆游这种及时消除不良情绪对身体的影响的能力是何等的大度与睿智,正因为如此,在人均寿命只有40岁上下的南宋时代,他竟活到85岁,确实算得上是少有的寿星,这与他善于调养情志,有效转移不良情绪,遵循养生之道是分不开的。

生活习惯是影响人们健康的又一个重要因素。世界卫生组织研究表明,工业化国家将有75%的人死于与生活方式有关的疾病,如癌症、心脑血管疾病、呼吸系统疾病等,与生活不良习惯息息相关,如吸烟、过于肥胖、缺乏锻炼、精神紧张和吃不卫生的食品等。不良生活习惯导致疾病,已经成为影响人们健康的大问题。

能否养成一个好的生活习惯,关键在于自己,需要人用坚强的意志和毅力,去掉陋习,培养起符合科学规律和自身情况的生活习惯,要敢于并善于同命运抗争。如果你不能适应"物竞于天,适者生存"的自然法,不能改掉恶习,那么你的身体最终会被恶习带来的疾病吞噬。

预防疾病,你还要懂得坚持有节制地生活。"药王"孙思邈活了100多岁,他为世人留下了总结自已养生保健、延年益寿宝贵经验的"十二少"秘诀:少思、少念、少事、少语、少笑、少愁、少乐、少喜、少好、少恶、少欲、少怒。他认为,人都是有七情六欲的,是难以回避精神活动的,如果放纵或者抑制都会对身体有损害。为此,要做到适度,就贵在一个"少"字上,要有所节制。

孙思邈在倡导"十二少"的同时还提出了他所忌讳的"十二多":多思则神殆,多念则志散,多欲则志昏,多事则形劳,多语则气亏,多笑则脏伤,多愁则心慑,多乐则意溢,多喜则忘错混乱,多怒则百脉不定,多好则专迷不理,多恶则憔悴无欢。按孙思邈的养生理论,他所倡导的"十二少"是养生的真谛，而这“十二多”是丧生之本。只有将二者紧密地结合起来，有所倡又有所忌，才能达到真正的养生境界。

此外，保持身体健康还要培养爱好，进行适当的体育锻炼。人的精神生活是虚实相生的，正如《内经》所说“恬淡虚无，真气从之，精神内守，病安从来？”人要有所爱好，有所追求，这样才能够保持精神和心情的愉悦。适当体育锻炼是为年老时抗御疾病、益寿延年积累资本，体育锻炼要从年轻时开始。

健康很重要，但也不要完全迷信养生。健康是受多种因素制约的，世间没有一把万能的健康钥匙，也没有一张放之四海而皆准的长寿秘方。对健康要注意，但不要刻意，也不要随意，千万不要把健康生活方式当作枯燥乏味的教条，当作限制自己的苦差使，而要当作一种快乐和享受，当作一种高雅的情趣，自然而然地融入生活之中，要热爱生命，积极生活，勇敢地去寻找适合自己的生活方式，探索自己的健康之路。

8. 经常运动，保持健康

生命在于运动，健康也在于运动。据世界卫生组织估计，全球因缺乏运动而导致的死亡人数，每年超过 200 万人。如果你想寻找一剂提高生命质量的良药，那就经常运动吧！

事实上，随着人们越来越重视身体素质的提高，利用闲暇时间从事健身活动，已经成为一种时尚。在闲暇时间参加体育锻炼，不仅是为了丰富自己的业余生活，而且也是强健身体的需要。

运动的好处很多。在生理上，运动有利于人体骨骼、肌肉的生长，增强心肺功能，改善血液循环系统、呼吸系统、消化系统的机能状况，提高人体的抗病能力，增强有机体的适应能力；可以减缓你过早进入衰老期的危险;还能改善神经系统的调节功能,提高神经系统对人体活动时错综复杂变化的判断能力,并及时做出协调、准确、迅速的反应;使人体适应内外环境的变化、保持肌体生命活动的正常进行。

在心理上,运动具有调节人体紧张情绪的作用,能改善人的心理状态;能增进人的身体健康,使疲劳的身体得到积极的休息,让人精力充沛地投入学习、工作;舒展身心,有助于安眠及消除学习、工作带来的压力;可以陶冶情操,保持健康的心态,充分发挥个体的积极性、创造性和主动性,从而提高自信心和价值观;集体体育项目与竞赛活动还可以培养团队精神。

开展业余体育活动可谓形式多样,种类繁多,如打篮球、排球、乒乓球、羽毛球,踢足球,还可以跑步、游泳、爬山、学武术、下棋等等,所有这些项目,都可以锻炼我们的体力和脑力,同时还可以从中体验到生活的乐趣。

正因为体育运动的魅力所在,很多中外名人都有自己喜好的体育运动,体育运动成为他们生活的一部分,例如毛泽东爱游泳,从 1956 年毛泽东第一次游长江,到 1966 年最后一次畅游,11 年间,毛泽东实际畅游长江 40 多次;美国总统奥巴马爱打高尔夫球,10 个月内竟然打了 24 次高尔夫球;奥巴马的竞选对手麦凯恩是一名拳击爱好者,虽然 70 多岁了,经常到内华达州拉斯韦加斯拳击比赛现场观战。

体育运动也要讲求科学,参加什么要因人而异,你可以选择适合自己或都自己爱好的运动。以下为你介绍几种比较适当的简单运动:

最好的有氧运动:骑单车。人的手和脚上有许多人体相应的穴位,当你紧握车把与用力蹬单车时,实际上已经不知不觉开始了身体的穴位按摩。骑单车不仅能借腿部运动使血液循环加速,同时也强化了微血管组织。而且当你骑着这种靠体力去踩的脚踏车,穿越周围像画卷一样美妙的风景,心情不禁畅快无比,顿时感觉这不仅是一种健身运动,更是一种心灵放逐的愉悦。

最好的抗衰老运动:跑步。试验证明,只要你持之以恒地坚持健身跑,就可以调动体内抗氧化酶的积极性,从而收到抗衰老的作用。

最好的减肥运动:滑雪、游泳。这两项运动手脚并用,减肥效果最好。如果你有充沛的精力和时间,也可以选择登山运动。山间道路坎坷不平,有益于改善人体的平衡功能，增强四肢的协调能力，尤其是行走在没有经过人为修饰的非台阶路段，可使人体肌纤维增粗、肌肉发达，增强肢体灵活度。另外，在山巅之上极目远眺，可以解除眼部肌肉的疲劳，还可使紧张的大脑得到放松和休息。

最好的健美运动：体操。很少有人进行体操运动，其实这项运动对人体的塑造具有很好的功效，想要拥有完美体型的人不妨坚持进行健美操和体操运动。此外，这项运动还可以加强人体平衡性和协调性锻炼。

最好的健脑运动：弹跳。凡是增氧运动都有健脑作用，尤其以弹跳运动为佳，可促进血液循环，起到通经活络、健脑和温肺腑的作用，提高思维和想象力。

最好的防近视运动：打乒乓球。打乒乓球对于增加睫状肌的收缩功能很有益，视力恢复更明显。微妙在于打乒乓球时眼睛以乒乓球为目标，不停地远、近、上、下调节和运动，不断使睫状肌放松和收缩，大大促进眼球组织的血液供应和代谢，因而能行之有效地改善睫状肌的功能。

最好的抗高血压运动：散步。科学证明，可供高血压病人选择的运动方式有散步、骑自行车和游泳。散步通过肌肉的反复收缩促使血管收缩与扩张，从而降低血压。

想一下，清晨早起，在运动场上跑跑步，一定会使你精神振奋、神采飞扬；当你一天学习、工作之余，在林间漫步一定会觉得神清气爽，有利于消除一天工作的疲劳；假日的爬山，一定会使你增长豪迈之气。总之，在业余生活中，经常参加一些适当的体育活动，不仅可以达到强健体魄的功效，还能振奋人的精神。

即使在学习和工作的过程中，你也有很多运动的机会可以选择，比如多利用楼梯，少乘电梯；多争取机会走路，少乘汽车；看电视时，可在广告时间做一些伸展运动，弯弯腰、踢踢腿等。运动可以随时随地，关键是要养成运动的习惯，把运动当作爱好，当成快乐和享受。

第八章　顺其自然，享受随时随地的快乐

生活中的很多事情是无法以人的意志为转移的，好花不常开，美景不常在，我们要坦然地面对生活，平和地看待一切，并遵循客观规律为人为事，只有如此，才能真正做到不以物喜，不以己悲。倘若真能如此，幸福的生活其实很简单，只要你善于发现、认真体会，快乐将随时随地、无处不在。

1. 顺其自然，凡事不可强求

据史书记载，距今1400多年前，我国南北朝时期的北魏，有一位名叫罗结的大将军，是个罕见的长寿者，终年120岁。他在谈长寿秘诀时说："饮食有节，起居有常，作息有时，清心寡欲，少说多做，无忧无虑。"当时的太武帝拓跋焘听后欣喜地说："大将军所言极是，世上许多美事，人们顺其自然，即不欲而得。"他用"顺其自然"4个字概括了一个道理。

凡事顺其自然，确实至为重要。当代作家苏叔阳，56岁时患了肾癌，切除了一个肾。术后泰然自若，几年里照样写出了200多万字的作品。在他64岁时又检查出患了肺癌，再次做了手术。他仍心情坦然，笔耕不辍，经常参加一些社会活动。他笑言："良好心态可去癌，乐观情绪能去病，戒烟限酒少烦恼，心胸开阔得宁静。"

现代医学研究表明，人是精神和物质的统一体，精神是生活的导轮，起着决定方向和引导的作用。时下很多人尚不谙此道，一旦患病，特别是

患了癌症，便惶惶不可终日，惊慌失措，不能充分调动体内潜能，其结果只能日益加重病情；还有一些人遇到一些挫折，就一蹶不振，打不起精神。

人是天地之间的灵物，身体调养顺应自然，如此安康得保。顺其自然，顺势而为，既是养生之道，也应是生活之精髓。

一天，小和尚发现禅院的草地上一片枯黄，他便对师父说："师父，快快撒点草籽吧！这草地太难看了。"

师父说："不着急，什么时候有空了，我去买一些草籽。什么时候都能撒，急什么呢？随时！"

过了一段时间，师父下山把草籽买回来了，给了小和尚，说："去吧，把草籽撒在地上。"

小和尚高兴地把草籽撒在了禅院的草上。正当小和尚撒草籽时，起风了，小和尚一边撒，草籽一边飘。

"不好了，好多草籽都被吹飞了！"小和尚喊道。

师父说："没关系，吹走的多半是空的，撒下去也发不了芽，担心什么呢？随性！"

草籽撒上了，飞来了许多麻雀，在地上专挑饱满的草籽吃。小和尚看见了，惊惶地说："不好了，草籽都被小鸟吃了，这下完了，明年这片地就没有小草了！"

师父说："没关系！草籽多，小鸟是吃不完的，你就放心吧，明年这里一定还会有小草的。随意！"

有一天，夜里下了一晚上的雨，雨很大，小和尚一直不能入睡，他担心草籽被水冲走了。第二天早上，小和尚早早就跑出了禅房，果然地上的草籽都被雨水冲走了。他马上跑进师父的禅房，伤心地对师父说："师父，昨夜一场大雨把地上的草籽都冲走了，怎么办呀？"

师父不慌不忙地说："不用着急，草籽被冲到哪里，它就在哪里发芽！随缘！"

春天来了，许多青翠的草苗破土而出，原来没有撒到的一些角落里居然也长出了许多青翠的小苗。

这下，小和尚很高兴，他兴奋地对师父说："师父，太好了，我种的草长出来了！”

师父点点头说：“随喜！”

自然，乃造化之道，更是万物之理。顺其自然，是不违背规律的体现，大到天地时空，小到生活伦常，概莫能外。自然的力量伟大无比，犹如真理，在其面前，人类的力量微乎其微。顺应它，既是人的本能，也符合自然规律，不必刻意强求某些力所不能及的事情。

在生活中，很多事情是无法以人的意志为转移的。对此，我们理应持有释然的心态，平和地看待一切，坦然地面对一切，并遵循客观规律为人为事。如此，才能拥有一个平和的心境，随遇而安却无所抱怨，安于途中而看到希望；才能在热闹时会唱动听的歌，寂寞时也能心灵独舞，清闲时能尽情享受生活之乐，忙碌时也能让自己在紧张的状态下收获充实；才能笑对得意时的一切荣誉，也会坦然接受失意时的所有不快。只有如此，才能真正做到不以物喜，不以己悲。倘若真能如此，生活中多数时刻我们都将是快乐的，那是人生的大幸！

做到这一切其实并非难事。生活中的点滴小事，举手投足，只要能坦然面对，真心体验，顺势而为，努力行之即可。不要为昨日留下的遗憾而懊恼，也不必为未知的明日而惆怅。过去的已经过去了，就像打翻了的牛奶，为之哭泣、埋怨、沮丧都已于事无补，你只能接受现实，尽快把不幸和忧虑忘掉，继续前进。因为，就算是这些过错和疏忽都是起因于自己的过失，但那又怎么样呢？谁没有犯过错呢？

过去的事情是无法改变的，你不能重新开始，也不能从头改写。为过去哀伤，为过去遗憾，除了劳心费神、分散精力，没有一点好处。唯一可以使过去有价值的方法，就是分析过去的错误，寻找原因，并从错误中得到教训，然后再把错误忘掉，重新振作起来，去做下一件更有意义的事情，因为希望在未来。

当然，强调顺其自然，绝不是否认人的主观能动作用，遇事听之任之、随波逐流，更不是认为修身养性可有可无，无规律可循。而是提醒人们不要把生活看得太深奥，不要有更多的欲望和牵挂，而应顺其自然，随遇而安，放松一些，怀着一颗安定、良好、平和的心态。

好花不常开，美景不常在，我们要坦然面对一生，喜怒哀乐、苦辣酸甜、成败得失、功名利禄，生不带来死不带去，不要为这些世俗背上沉重的包袱，不要受任何心理压力的干扰，无论遇到什么挫折和不顺心的事，都要泰然自若地行走在生命的道路上，千万不要因为行走太匆忙而错失了路边美好的景致。

2.

接受平凡，简单的生活更快乐

我们总是莫名地景仰那些圣人，崇拜那些名人，谈论帝王将相，不自觉地将自己与今古贤明相比照，我们不甘平凡，希望能像他们那样建功立业。却不知，这只是一种无知的空想。不管你承认不承认，和我们一样拥挤在绝大多数人群里的，有多少是那样的人呢？

我们绝大多数都是每天忙忙碌碌的平凡的人，有自己的喜怒哀乐，也有自己的生活琐事，我们所有人不可能都像那些高大悲壮的圣人一样活着，因此也就不会有他们那样传奇般的经历，或者是让人叹为观止的丰功伟绩。即使是我们崇拜的那些圣人、名人，他们的现实生活也是平淡无奇的。

研究表明，人的一生当中有5%是富有激情的，有5%是痛苦的，剩下的90%则是平淡。我们总是为了这5%的激情，忍受着这5%的痛苦，在90%的平淡中度过一生。欲望是无尽的，而对我们有限的一生来说，我们能够实现的欲望，的确太少了。而对大多数人来说，更多的时候生活都是处于一种平淡的状态里，而正是这样平平淡淡的生活中，却蕴含了我们苦苦追求的幸福。

但是，太多的人总是过多地追求欲望的视线，而忽视了平淡中蕴藏的幸福，我们无言地承受着欲望给我们带来的痛苦，却忘记了上帝赐予我们人生的最重要的礼物——简单的生活。大多数人这一辈子，最重要的事，就是接受自己是一个平凡的人，不过是时间的早晚而已，有时，甚至需要经历一个痛苦的过程。

从小到大，小白都是学校的尖子生及班干部，慢慢地养成自命不凡的个性。大学时，他最喜欢看伟人传记，认为自己的很多潜质与伟人很像，总渴望自己毕业后能做一番大事。

风光的大学4年很快就过去了，小白找工作四处碰壁，后来留在学校做行政，每天只做一些文字上的工作，根本用不上他从伟人那里学来的“大智慧”，心里无比失落，工作也敷衍了事。几年过去了，眼看着后来的同事纷纷被提拔，小白心里更不是滋味。

有一天，小白将清理出来的办公室的垃圾拿到一个回收废纸的老大爷那里卖，小白见老大爷老实巴交的，给的价格很公道，就和他聊起来。

老大爷来自农村，到小白的学校已经20多年了，专门在学校搬挪自行车，就是把学校里那些停放得不整齐的自行车摆好。

小白好奇地问：“你负责哪片区域？”

老大爷回答说：“整个校园。”

小白吃惊地问：“学校里这么多自行车，你一个人搬得过来吗？”

“搬得过来，搬得过来，一天的时间呢。”

“学生上课下课，不断地停自行车，你不是得一遍一遍地摆放？”

“嗯。”

小白又问老大爷一个月的报酬。老大爷说：“现在我已经有600多元了！”接着他补充道：“我刚来的时候才15元一个月呢。”

在与小白的谈话中，老大爷自始至终都笑呵呵的，笑得很真实，笑得很憨厚。

小白为老大爷的笑容深深地感动了。此后，小白开始注意这个几年来他都不曾注意的老大爷。有一次，小白看见老大爷在一辆没上锁的自行车位子上留言:“车没上锁,请到保卫处领取。”那粉笔字写得非常漂亮,小白不禁就想:“几十年前,老大爷说不定也是老师的得意门生呢!”

说来也奇怪,从那以后,小白对自己的工作没有那么多不满了。这种“自甘平凡”,使他对本职工作用心了,工作也越来越顺,不久前还被提了一级。

平凡是命运,是一种简单的生活,更是一种机遇。当你的心归于平凡,你的每一次努力,每一次付出,每一次成功,都是一个崭新的高度。或许你奋斗了一辈子,还只是平凡,这也是一种享受,也是上苍赐予我们与其他人同等机会的体验。

我们无须为自己生活的平凡而懊恼。很多我们眼中的名人甚至比我们的生活更平凡、简单,他们的突出只是相对于某个领域而言的。

有一天,著名的国际资本大鳄沃伦·巴菲特接受某杂志的采访,他穿着卡其布的裤子、夹克,系着一条领带,看上去十分精神。在记者面前,他有点不好意思地说:“我专门为此打扮了一番的。”

巴菲特对于穿着的要求跟常人没有区别。有一天,他的女儿苏珊和妈妈去商场看到了一套西服,女儿提议说:“咱们给爸爸买一套新衣服吧,他穿了30年的衣服我们都看烦了。”于是,女儿和妻子就给巴菲特买了一件驼绒的运动夹克,仅仅是为了让他有两件新衣服。

看到女儿新买的衣服后,巴菲特竟然让女儿把衣服退掉。他的理由是:“我有一件驼绒的运动夹克和一件蓝色运动夹克了。”他说话的语气非常严肃,女儿只好把衣服退了。

苏珊说:“他不把衣服穿到非常破旧是不肯换的。”

偶尔,巴菲特也会买一套西服,衣服的某个地方介于成衣和专门定制的衣服之间,因为他的衣服需要稍稍地改动一下才会合身。一位伯克希尔公司的股东说,有一次,他和为巴菲特做衣服的一个裁缝聊了起来,问他为什么巴菲特的西服穿起来总是显得有些不合身。这位裁缝回答说："他是世界上最不好量体裁衣的人。主要是因为他的臀部不够丰满。"

生活中，巴菲特是个人非常节俭的人。他还总是自己开车，最喜欢的运动不是高尔夫，而是桥牌，最喜欢吃的食品不是鱼子酱，而是玉米花，最喜欢喝的不是XO之类的名酒，而是百事可乐。

抛开身份，抛开财富，回到生活中，巴菲特与我们有什么不同？也许你还会和他的女儿一样会不耐烦地说："他穿了30年的衣服我们都看烦了。"甚至还会嘲笑他的臀部不够丰满。看看，这个地球上的超级富翁也过着和平常人一样的生活，我们普通的老百姓又有什么不知足的呢？

生活就是吃饭、睡觉、工作、休闲，简简单单，快快乐乐，不在于高官厚禄，不在于香车宝马，不在于娇美妻子，不在于锦衣玉食，而是在于平淡中的真实，真实中的平淡。你可以去追求自己的梦想，但不可能24个小时东奔西走，疲于奔命，多半时间还是要归于平淡，那就让人生的这多半时间快乐起来吧！

真实的幸福很简单，也很平淡，它简单平淡到蕴藏在我们简单平淡的生活里，有时我们甚至感觉不到，但是在我们的内心深处，却有这么一个叫作幸福的种子在生根发芽，只要你能给它以充足的水分和养料，它就会茁壮成长，关键是你一定要保持一颗平淡的心。

很多人都读过路遥先生的《平凡的世界》，小说中的主人公孙少平不屈服于命运，从中学时代的"非洲人"，到成人后的"揽工汉"，从勤劳的建筑工人，到优秀的煤矿工人，从英俊的青年，到容貌尽毁，孙少平始终没有被不幸所压垮，总是满怀信念地迎接着生活的挑战。从孙少平的身上，我们可以深刻地体会到平凡的人，平凡的事，平凡的生活。在这些看似平凡琐碎的小事中，我们会找到自己的影子、前进的方向、灵魂的归宿，我们会感动于那些平凡的人与平凡的事。

对于大多数人来说，人生都是平凡的，生活本身也是由无数平凡的日子堆积而成。平凡不等于平庸，我们可以接受平凡，但我们拒绝平庸。无论生活有多么艰难，也无论遇到多大的挫折，我们都不能放弃心中的梦想，也不能放弃对美好生活的追求，我们要始终心怀信念，奋力拼搏，在平凡的生活中实现自己的人生价值。

最后,我们用孙少平写给妹妹孙兰香的信中的一句话作为结束语:"我们出生于贫困的农民家庭——永远不要鄙薄我们的出身,它给我们带来的好处将使我们一生受用不尽;但我们一定又要从我们出身的局限中解脱出来,从意识上彻底背叛农民的狭隘性,追求更高的生活意义……"

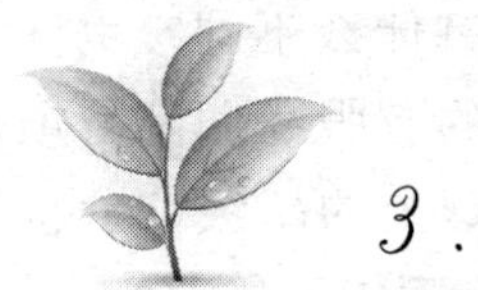

3. 失之坦然,放弃不失完美

"塞翁失马,焉知非福"的故事对中国人来说耳熟能详,让我们知道忧乐悲喜有时候是很难分辨的;老子的"祸福倚伏",更是让中国人明白"是福不是祸,是祸躲不过"的道理,对于很多事情我们无法去评判它的好与坏,甚至搞不清楚自己究竟是失去了还是得到了。生活中有许多事,必须用另外一个角度去看。

在生活中,我们在争取获得很多东西的同时,也在失去一些重要的东西。没人可以只得到而没有舍弃,就像没有播种却收获到丰富的果实,那不是真实的人生,人生的意义就在于取舍之间。这样人生才会更完美、更值得珍惜。如果左右为难,难以取舍,必然患得患失,到头来可能会竹篮打水一场空,一无所得。

有一次,著名作家海明威遗失了放着所有手稿的手提箱,其中有许多故事是他夜以继日、呕心沥血之作,他一直计划将这些故事集结成册。手稿遗失后,海明威身心备受打击,他无法想象自己必须重写这些作品,他所能想到的只是这几个月以来,埋首写作的艰辛,而这一切都已付诸流水。

当海明威向诗人庞德诉说了自己的悲痛后,庞德却高兴地说："这有什么好悲伤的，你会天降好运！"

海明威更加沮丧，他认为朋友在嘲笑他。庞德拍着胸脯向海明威保证："相信我，你一定能重写这些故事，而且会写得比过去更好，所以无须害怕，因为最好的题材还是会出现。"

有了庞德的鼓励，海明威不再深陷于遗失手稿的痛苦之中，开始着手重写那些故事。正如庞德所说，海明威写出了更精彩的故事来。

海明威这样一个如此有学问的人都执著于事物的表象，一时无法明白失之坦然的道理，可见，世上又有多少人徘徊在得失之间。

放弃对一个人来说是痛苦的，但是，只有放弃，才能够更多地获得。生活大抵如此，人生也是这样，放弃不代表失去，放弃的目的是为了更好地获得。懂得放弃，勇于取舍，是做人的一种很高的境界。不是每个人都能够做到轻易放弃的，而放弃只是为了更好地获得，这是人生的一个痛苦过程，只有经历了这一过程，你才能体验到生活带给你的惊喜。

《论语·阳货》中的有这样一句话："其未得之也，患得之；既得之，患失之。"意思是说，当人们没有得到的时候，拼命地想去追求；等得到了，又时时刻刻担心害怕失去。人生处世的一大禁忌，就是患得患失。

有一个年轻人，很聪明，几乎在一切方面都比身边的人强。他有一个梦想，想成为一名大学问家。可是，许多年过去了，虽然作过努力，年轻人在其他方面都不错，就是学业没有长进。他很苦恼，就去向一位大师求教。

大师说："我们登山吧，到山顶你就知道该如何做了。"

那座山上有许多晶莹的小石头，十分好看，年轻人也喜欢这些石头。每见到年轻人喜欢的石头，大师就让他装进袋子里背着。很快，年轻人就吃不消了。

"大师，再背，别说到山顶了，恐怕连动也不能动了。"年轻人疑惑地望着大师。

"是呀，那该怎么办呢？"大师微微一笑。

"该放下。"

“那为何不放下呢？背着石头咋能登山呢？”大师笑了。

年轻人一愣，忽觉心中一亮，向大师道了谢走了。

之后，年轻人放弃了很多与学业无关的特长，一心做学问，进步飞快，最终成为一名大学问家。

“患得患失常戚戚，超然物外天地宽”，人要有所得，必要有所失，只有学会放弃，才有可能登上人生的最高峰。

人生在世有所得，必有所失，两者总是很难兼顾的。因此，在生活中，对于所拥有的要珍惜，要知足；对于失去的东西，不要耿耿于怀，老是放不下；对于那些不该得到的东西，切勿不择手段，一味奢求，这是精明、智慧和机智的生活态度。

世间之事，既纷杂繁复，又充满变数，保持积极进取、永不放弃的斗志固然重要，但直面人生、正视现实的全部意义还包含另外一半：量力而行，懂得放弃。有些时候，放弃往往比坚持更难能可贵，这是人生的另一种智慧。

英国著名作家狄更斯这样告诫人们：“如果自以为仅凭一股热情，不论什么大小事情都能办到，那你还不如趁早打消这种错误的想法。”当盲目与狂热的愚蠢行为成为难以遏制的贪婪欲望时，不妨尝试放弃，否则就可能因任性与固执的坚持，失去原本的生活。

学会一种清醒而理智的放弃，正好是酝酿美好的开始，也是对坚持的延续。如同一列前行的火车中途需要进站停靠一样，放弃只是坚持之路的一个停靠点，是生活乐章中的一个休止符，这种一时的放弃，并非是抛弃追求，改变信念，也不是消极厌世，得过且过，而是于放弃过程中调整生存的谋略，校正人生的航向，克服命运的被动，从而集中力量，发挥优势，在值得坚持的方向上一显身手，直至到达希望的彼岸。

在人生旅途上，固然“无限风光在险峰”是一种美丽，我们还可以换个角度思考问题，以放弃心态迎来峰回路转、柳暗花明的结局，同样也是一种美丽。懂得放弃，其实是在限制自己恶性膨胀的欲念，其实是在等待时机中积蓄力量，其实是在描绘一道“适者生存”的美丽风景！

4.

与世无争，保持一颗平常心

大千世界，芸芸众生，各有所长，各有所短，每每面对一些事，明知是一个错误也要去坚持，因为不甘心就此错过；面对一些问题，明知没有结果，却要与人争执。在争强好胜之中，人的内心往往会失去平静，受身外之物所累，失去做人的乐趣。

2002年3月，一位旅游者在意大利的卡塔尼山发现了一块几千年前墓碑，碑文记述了一位名叫托比的人是怎样被老虎吃掉的事件。

古希腊哲学家柏拉图曾在卡塔尼山的城邦叙拉古游历和讲学，一些考古学家认为，这块墓碑可能是柏拉图和他的学生们为托比立的。

碑文讲述了一个有趣的故事：

托比从雅典去叙拉古游学，经过卡塔尼山时，发现了一只老虎。进城后，他对大伙说："卡塔尼山上有一只老虎。"城里没有人相信他，因为在卡塔尼山从来就没人见过老虎。托比坚持说他见到了老虎，并且是一只非常雄壮的虎。可是，无论他怎么与众人争执，就是没人相信他。争执无果，托比只好说："那我带你们去看，如果你们见到了真正的虎，总该相信我了吧?"

于是，柏拉图的几个学生跟托比上了山，但是转遍山上的每一个角落，却连老虎的一根毫毛都没有发现。托比对天发誓说："我确实在这棵树下见到了一只老虎。"跟去的人就说："你的眼睛肯定被魔鬼蒙住了，你还是不要说见到老虎了，不然城邦里的人会说，叙拉古来了一个撒谎的人。"

托比很生气地回答："我怎么会是一个撒谎的人呢？我真的

见到了一只老虎。”

为了证明自己的诚实，在接下来的日子里，托比逢人便说自己没有撒谎，他确实见到了老虎。可是说到最后，人们不仅见了他就躲，而且背后都叫他疯子。托比来叙拉古游学，本来是想成为一位有学问的人，现在却被认为是一个疯子和撒谎者。这实在让他不能忍受。为了证明自己确实见到了老虎，在到达叙拉古的第 10 天，托比买了一支猎枪来到卡塔尼山。他要找到那只老虎，并把那只老虎打死，带回叙拉古，让全城的人看看，他并没有撒谎。

可是这一去，托比就再也没有回来。3 天后，人们在山中发现一堆破碎的衣服和托比的一只脚。经城邦法官验证，他是被一只重量至少在 500 磅左右的老虎吃掉的。托比在这座山上确实见到过一只老虎，他真的没有撒谎。

世界上有许多不幸，都是在争强好胜的过程中发生的。那种急于去证明的人，其实是在寻找一只能把自己吃掉的“老虎”。在生活面前，真正的智者，都是走自己的路，任别人去评说的，不会与别人争。

我们要常常告诫自己：有些东西错过了就错过了，不要为了一丁点儿的虚名或利益就不计代价地争取。只要自己活得开心，平平静静地接受自己的“无能为力”有何不可？

有一次，书画大师启功到荣兴画廊参观，见外面画摊上摆满名人字画，有赵朴初、董寿平和他自己的作品，每个摊位上都有，有的还在批发。一位摊主是老太太，看到启功教授来了，老太太就对旁人说：“这个老头脾气好，就是看到我卖的是模仿他的赝品，也不捣乱。”启功听到了老太太的话，朝老太太点点头，就像和一位友人打招呼。

当同行者问起，启功语气平和地说：“她 70 多岁了，靠这个维持家用，不容易呀，我总不能断了她的活路呀。”

还有一个专门假冒启功书法的人去书画店销售赝品，恰巧被启功堵住。作伪者尴尬恐慌无地自容，哀求老先生高抬贵手。

不料启功只是宽厚地笑道："你要真是为生计所迫，仿就仿吧，可千万别写反动标语啊！"

有一段时间，启功感觉身体不舒服，有一个人向他推荐气功治疗。启功花钱把那位所谓的"气功大师"请到家，好茶好饭款待之后，这位把自己吹得和神仙一样的气功大师开始发功给启功治病。

在离启功十几步的地方，这个人张开手掌问："有感觉吗？"

启功摇摇头说："没有。"

"大师"往前走了几步，又问："这回呢？"

启功还是说没有。

"大师"又走近几步。启功还是说没有感觉。

这时，启功其实已经意识到自己上当了，但他却没有生气，脸上仍然保持着微笑。最后，"气功大师"把手按着启老的膝盖问："这回呢？"

启功说："有感觉了。"

那人高兴了："什么感觉？"

启功轻轻点点头说："我感觉你摸着我的腿了。"

最后，启功放这个人走了。

人是有感情的动物，很难不落于情绪化的反应中，当情感起伏太大时，对心情和生理都会造成适应不良的状况。不如学启功大师轻松一点，不要让生活中一些并不影响生活质量的小事情左右了心情的好坏。

用一颗平常的心去对待周围的一切，也是一种境界。不要太在乎别人的说法和看法，只要你认为对，能按着自己的思维向前走，那么谁的说法和看法都变得不那么重要，更不用与人去争论。让自己的心时时保持平静，在得到与失去的时候，保持一颗平常心，你才会笑对人生。

在《古尊宿语录》中，记载有这样一段高僧问答。问："如果世间有人无端地诽谤我、欺负我、侮辱我、耻笑我、轻视我、鄙贱我、厌恶我、欺骗我，我要怎么做才好呢？"答："你不妨忍着他、谦让他、任由他、避开他、耐烦他、尊敬他、不要理会他，再过几年，你且看他。"

人生短暂几十年，生活中尽量把好事能让的时候就让让，老天总会给包容的人更多的回赠，别总嫉恨别人对自己的伤害，别总去争个你输我赢，生活没有输赢，再说你的输赢跟他人又有多大关系呢？每个人都有自己的不幸，别人的说法，别人的看法，别人的议论，主宰不了你的生活，完全可以放任自流，一旦保持了自己内心的平静，别人的对你的否定或一些伤害，只不过是耳边的一点小噪声，眼前飞过的一只蚊子罢了，何必与这些是是非非去计较。

生活总是充满着无奈，我们无法改变，但我们可以改变的是我们的心境，保持一颗平常心，学会满足，学会放弃，学会淡泊，理解别人，善待自己，享受生活，让我们用一种释然的心态去看庭前花开花落，看天空云卷云舒。

5. 淡泊明志，宁静才能致远

《菜根谭》一书有一副对联："宠辱不惊，闲看庭前花开花落；去留无意，漫随天外云卷云舒。"意思是说，为人做事能把荣辱得失，看得如花开花落般平常，才能不惊奇；能把职位的升迁、去留看得如云卷云舒般变幻，才能不在意。一副对联，寥寥数语，却深刻道出了对事对物、对名对利应有的态度：得之不喜、失之不忧、宠辱不惊、去留无意。

宠辱不惊说起来容易，做起来却还是有困难的。正如苏东坡所说："处贫贱易，处富贵难，安贫苦易，安闲散难，忍痛易，忍痒难。"欲望是一种与生俱来的东西，富贵名利是每个人都想得到的，在这个物欲横流的社会上，又有多少人能不忧、不惧、不喜、不悲呢？正因为如此，大多数人都会觉得自己活得不开心、活得很累。

心为形役，神为欲伤，欲望就像海水，越喝口越渴。强迫自己去追求所谓的高质量的物质欲望，难免会被名利所累。问题的关键还是以什么心态来对待与处理荣辱得失。

公元 234 年，54 岁的诸葛亮在写给他 8 岁儿子诸葛瞻的《诫子书》明确地回答了这一问题。他说："非淡泊无以明志，非宁静无以致远。"在这里诸葛亮用的是"双重否定"的句式，以强烈而委婉的语气表达了他对儿子的教诲与无限的期望。用现代话来说："不把眼前的名利看得轻淡就不会有明确的志向，不能平静安详全神贯注的学习，就不能实现远大的目标。"这既是诸葛亮一生经历的总结，更是他对儿子的要求。

诸葛亮的一生跨越 54 个春秋的一生，共有两个 27 年。公元 207 年以前的 27 年，诸葛亮躬耕于野，过着半耕半读的生活，博览群书，修身养性，广交名士，静观天下，而不求闻达于诸侯，是他立志用世的准备阶段；公元 207 年到 234 年的 27 年，是诸葛亮身体力行，完善自我，尽忠蜀汉，鞠躬尽瘁，死而后已的奉献阶段。可以说，前 27 年是他的"淡泊""宁静"阶段，后 27 年则是他的"明志""致远"阶段。

诸葛亮生前深受国人爱戴，死后更长期受到后人的敬仰，他的精神，已经成为中华民族传统文化的一份宝贵遗产。这句话虽然历经 1800 多年，但是，"淡泊明志，宁静致远"所体现的思想，是博大精深的，这句话从来都不过时，提醒我们如何对待荣辱得失。

只有淡泊宁静，才能洞察凡尘，只有清心内敛，才能高瞻远瞩。"淡泊"是一种品德修养，是为人质朴、超逸、恬淡，但不是没有进取心，不是逍遥于"世外桃源"，相反，正是为的追求远大目标而持有的涵养、修炼。"宁静"则是端庄，持重，安然，恬然。这是一种境界，即不因宠爱而忘形，不因失落而怅然，不因富贵而骄纵，不因清贫而自惭；得意不忘形，失意不颓唐沮丧，风物当宜放眼量。淡泊、宁静，为的是"明志""致远"。即不因一点小小的荣誉、成功而轻置更大的胜利于千里之外。

宋代大文家苏轼堪称淡泊宁静的典范。他一生命运多舛，受排挤、遭诬陷、入牢狱、屡次贬官。

21 岁那年，苏轼中进士，没想到刚刚踏入仕途，便被卷入了一场没完没了的政治风波之中。苏轼做主簿、签判一类地方官的时候，王安石任参知政事，推行新法。苏轼反对"新法"。他写了几篇文章如《商鞅论》、《拟进士廷试策》，或是借古喻今，含沙射影，或是借题发挥，旁敲侧击，而在《上神宗皇帝》万言书中则是公开的全面攻击了。

有一天，皇上问王安石：“可用苏轼？”王安石说：“如果要推行新法，就不能重用苏轼。”苏轼也感到京城难待，便再三请求外调。之后几年，他做过通判，杭州、密州、湖州等地的知州，一贬再贬，最后从惠州直到遥远偏僻的海南岛，后死在遇赦北归的途中。

在与命运作斗争的过程中，苏轼总能以积极的人生态度，守护宁静，通圆自我解脱。人格上的自信、从容使他在名利物上分外旷达、超然。他旷达人生，感悟哲理，他的思想融合了儒家、道家、佛家的哲学精华，在解决人生困顿等问题上，有极其独到精深的见解，将淡泊宁静挥洒成雄风、皓月、快意，着实令人叹服。

苏轼在贬官无所作为后，身着布衣，头戴斗笠，脚踏木屐，手持竹节，显然一个隐居的居士。他在民间创造了我国至今还十分出名的一道名菜“东坡肉”；在从繁华的京城流放到偏远荒蛮的海南后，写道“日啖荔枝三百颗，不辞长作岭南人”；幽默地写信告诉家人，不要告诉其他人以免他们来抢吃海南的荔枝。

正是这种大度豁达的乐观精神，让苏轼的艺术创作最接近人性和内心世界的感受。从苏轼的许多传世名作来看，很多是他在淡泊宁静时不忘对生活给予的愿望寄托，是他将人生的不幸遭遇，在守护宁静中心灵的一次次感慨和呐喊。与其说是坎坷的经历造就了作为大学问家的苏轼，倒不如说是苏轼在淡泊宁静的思考中铸造了他一生名垂青史的辉煌地位。

轰轰烈烈固然是进取的写照，但成大器者，绝非热衷于功名利禄之辈。我们之所以借鉴古人的生活之道，无非是想让今天的人们知雄守雌，明白淡泊人生是耐住寂寞的良方，只有宁静、淡泊，随时调整自己的心态，才能活得充实、轻松。

要想做到“淡泊明志，宁静志远”，必须加强学习，不断提高自己各方面的修养。

一个人遇到不顺心的事，不暴躁，心态平和，泰然处之，坦然面对，这是性静；一个人一生应该有目标有追求，为了实现自己制定的人生目标，坚定不移而又义无反顾，摒弃这山望着那山高的浮躁之心，不追求缥缈虚无不切实际的幻想，面对声色犬马等种种诱惑，无杂念邪念，这是念静；做到平心静气，以理服人，保持内心的平静，情绪稳定，设法寻找解决问题、化解矛盾的方法，这是意静；行事不急躁、不毛躁、不鲁莽，摒弃急于求成，压住阵脚，稳扎稳打，努力思考并实施最佳策略而制胜，这是行静。

当你真正做到了性静、念静、意静、行静，你就会感受到人生的本义，当你为了一个崇高的人生目标，孜孜不倦地忘我探索，潜心研究时，你便步入了人生淡泊的境界，你便可在宁静之中听到人生升华的声音。

6. 心宽似海，幸福无边

有这么一个小笑话：

一位男士牙痛了几天，一大清早便去找牙医拔牙，谁知有个美貌少女比他还早。她不慎跌倒，碰掉两颗门牙，焦灼得不断发抖。

牙医安抚女士的心，向她保证："我给你补好以后，你的牙大概可以维持20年，以后还可以照样再做一副。你的容貌绝对不会受损，而且不会痛。"

可是，任凭牙医怎么安慰都没有用，女士依然很紧张。需要拔牙的男士以为牙医会给她打镇静剂时，只见牙医俯下身去，瞅着旁边的男士在女士的耳边轻轻地说："就是他吻你，也不会察觉。"

女士虽然有些害羞，但是全身立即松弛，会心地笑了笑，因为她终于听到真正能使她宽心的话。

人的情绪总是被心情所掌握着，心宽了，人也就高兴了。从某种程度上来说，心情左右着人的生活质量。

人的一生中总会遇到这样或者那样的不愉快，我们不可能总是靠别人的安慰和笑话来摆脱生活中的烦恼，最主要的还是需要靠自己主动地调整心情，否则你总会活在这样或者那样的困扰里，开心不起来。

心就像一个容器，放的东西越多，空间越小，幸福越少，要想获得最大的幸福，我们必须定时清理心里空间，放宽自己的心，给幸福腾出足够的空间。

有一个年轻人，过得很不快乐，整天为了一些鸡毛蒜皮的小事唉声叹气。他来到大师面前，请求指点。

大师说："你先去集市买一袋盐。"

年轻人照办，买来了盐。大师接着吩咐道："你抓一把盐放入一杯水中，待盐溶化后，喝上一口。"

年轻人又照办了，喝完后，大师问："味道如何？"

年轻人皱着眉头答道："又咸又苦。"

大师没有说什么，带着年轻人来到湖边，吩咐道："你把剩下的盐撒进湖里，再尝尝湖水。"

年轻人撒完盐，弯腰捧起湖水尝了尝。

大师问道："什么味道？"

"纯净甜美。"年轻人答道。

"尝到咸味儿了吗？"大师又问。

"没有。"年轻人答道。

大师点了点头，微笑着对年轻人说道："生命中的痛苦就像盐的咸味儿，我们所能感受和体验的程度，取决于我们将它放在多大的容器里。"

大师所说的"容器"，指的就是我们的心量，心的"容量"决定了痛苦的浓淡，心量越大烦恼越轻，心量越小烦恼越重。心量小的人，容不得，忍不得，受不得；心量宽广的人，容得下，忍得住，受得了。我们每个人一生中总会遇到许多盐粒似的痛苦，如果心的容量有限，就会和故事里的年轻人一样，只能尝到又咸又苦的“盐水”。因此，要想在人生的道路上少一些烦恼，多一些幸福，就要懂得宽心的智慧。

心的宽广在于自己的一念之差，当我们只顾自己的私欲，它就会愈缩愈小；当我们能站在别人的立场上考虑，它又会渐渐地舒展开来；若事事斤斤计较，便会把自己的心局限在一个很小的框框里；若待人待事宽宏豁达，心就会无限地敞开。

心的格局不一样，包揽的幸福就会有多有少。心宽了，我们就不会因为一些小事而心绪不宁、烦躁苦闷，就会剪断无数的烦恼细丝，就会对更多的痛苦和失败一笑而过。心宽一分，幸福就多一寸。

如果说生命中的痛苦是我们无法预测的，那么我们可以拓宽自己的心量，通过内心的调整去适应、去承受必须经历的苦难，获得人生的愉悦。一个人有了海阔天空的心境和虚怀若谷的胸怀，就能自信达观地笑对人生的种种困难和逆境，并从中解脱出来，视世间的千般烦恼、万种愁云如过眼烟云，不为功名利禄所缚，不为得失荣辱所累，能以宽容大量和豁达大度去容忍别人和容纳自己，遇事想得开、拿得起、放得下，得之淡然，失之泰然。

当然，宽心不是一味地忍气吞声逆来顺受，不是纵容偏袒，不是当下的无可奈何。而是以退让为机巧，换得睿智的等待和坚守，是德行的彰显，修为的凝聚，操守的醇化。

宽心者不分男女老幼，年富力强，不需年轻貌美，贫富贵贱，疾病健康。宽心者有一种乐观向上的心态：待人处世，极力以优点、长处、希冀为切入点，欢乐多过忧伤，希望大于失望，拿得起放得下，在矛盾纠纷中不斤斤计较；在功名利禄的追逐取舍中，摒弃圆滑与世故，贪婪与野心，顺其自然。

过好每个平凡普通的日子是我们幸福的基础，当每个旭日东升的早上，日落西山的黄昏，在空旷的原野，在熙熙攘攘的人群，在繁华，在冷寂中，别忘了赵朴初先生在 92 岁时写的那首《宽心谣》：

日出东海落西山，愁也一天，喜也一天；
遇事不钻牛角尖，身也舒坦，心也舒坦；

每月领取养老钱，多也喜欢，少也喜欢；
少荤多素日三餐，粗也香甜，细也香甜；
新旧衣服不挑拣，好也御寒，赖也御寒；
常与知己聊聊天，古也谈谈，今也谈谈；
内孙外孙同样看，儿也心欢，女也心欢；
全家老少互慰勉，贫也相安，富也相安；
早晚操劳勤锻炼，忙也乐观，闲也乐观；
心宽体健养天年，不是神仙，胜似神仙。

7. 随时随地，将快乐进行到底

每个人都有快乐的感觉，只是认识的差异，快乐有了多少与长短之分。有人说，有钱才快乐；有人说，事业有成才快乐；也有人说，家人平安才是真正的快乐；还有人说，过自己的生活就是快乐。总之，每个人对快乐的定义不同，感悟自然也不同，但只要你能认真体会快乐、重视快乐，快乐将会无处不在。

德国哲学家康德认为："快乐是我们的需求得到了满足。"这种需求应该更多的是心理上的，而非物质上的。大部分的人都想要去感受那种稀有的欢乐时光，希望一切都让人感觉那么完满。可惜的是，我们太容易忽略了在日出日落间的各种小小的满足。

事实上，顺利地过完一天就是一次愿望的实现，这个愿望，简单地说，就是更好地掌握我们的日常生活。如此一来，当我们完成数不清的日常工作时，快乐就出现了。每一次完成，每一次的快乐，都是微小的，但充满意义。从表面上看来，我们只是在重复每次做的事，但内心里，我们整个人都沉浸在快乐之中，只是我们没有发现而已。

美国心理学界经过长达10年的时间，对100多个国家和地区的1万多人进行了详细调查，发现快乐是人类特有的一种心理感受，具有浓重的主观色彩。它与种族、年龄、职业、地位和个人占有的财富等没有什么内在联系。

快乐最大的特点就是简单，简单得只要你拥有一双善于发现的眼睛，就可以随时发现快乐。许多日常生活中的事，表面上看似细微，实际上可以从中发现快乐，比如你和每一个你遇见的人打招呼、吃到不一样的食物，每天碰到的新鲜事情、在一条漂亮的路上骑车、听收音机里播放自己最喜欢的歌曲、躺在床上静静地聆听窗外的雨声、发现自己最想买的衣服正在半价出售、在浴缸的泡沫堆里舒舒服服地洗个澡、一次愉快的谈话，等等，都可以成为一种美好的感觉，让你觉得个人及周围的世界都挺不错。

瞧瞧，快乐是多么的简单啊！它蕴藏在生命中每一个不为人注意的瞬间，它一直都存在，只是你没有发现。我们不是缺少快乐，而是缺少发现。其实，只要你用心去感受，快乐就无处不在，它往往在你为了达到目的忙碌的时候来到你的身边陪伴你。

有一年圣诞节，杰克和妻子开着他们的新车去父母家。一家人很久没有见面了，大家都高兴地聚在一起畅饮，过得很愉快。晚饭后，杰克夫妇很晚才开车回家，当他们在深夜抵达家门时已经累极了，于是只把车放在门口就上楼洗澡睡觉了。

就在那个晚上，倒霉的事发生了，有一个偷车贼在半夜把他们的车悄悄地开走了。早上，他们起床梳洗后决定把放在车里的东西拿出来，当他们打开门时，却发现停车道上并没有车子。

杰克和妻子面面相觑，目瞪口呆。两人四处找，并没有找到。怅然所失的杰克只好拿起电话报了警。警察向他们保证，有98%的概率在24个小时内找回他们的车。

接下来的几小时，杰克一直打电话询问失车的情况。

第一次，警察告诉杰克："我们还没找到，杰克先生，但现在仍有94%的机会找到。"

又过了几个小时,杰克又打电话询问车子的情况。警察再次回复:“我们还没找到,不过8小时内还是有90%的寻获率。”

一天过去了,车子依然杳无音信,妻子开始变得烦躁,埋怨杰克昨天的大意。但是,杰克却像没事儿似的,还不断地说着笑话。

充满焦虑与挫折感的妻子问杰克:“我们的新车和里面的东西都丢掉了,你怎么还有心情开玩笑?”

杰克说:“亲爱的,我们的车被偷了这已经是事实了。我们可以因丢了车而选择烦恼,也可以选择快乐。那我们为什么不选择让自己快乐而非要雪上加霜让不快的事情更加不快呢?”

妻子听了觉得也有道理,就开始着手做别的事,把这件事抛在了脑后。

5天后,他们的车终于找回来了,不过车上的东西无影无踪,车子的损坏也超过了3000美元。毕竟是找到了自己的车,杰克感到十分高兴,在开车回家的路上,不幸的是他又撞上另一部车,造成了另一笔3000美元的损失。

杰克顿时沮丧极了,他站在车道上看着车,一边抽烟一边生闷气,责怪自己乐极生悲撞了别人的车。这时,妻子来了。她走向杰克,看了车,又看着丈夫,说:“亲爱的,我们现在有一部撞坏了的车,现在我们可以选择烦恼,也可以选择快乐。总之,我们有一部撞坏了的车,所以,我们不如选择快乐吧。”

杰克立即露出了笑容,宣布双手赞成。就这样面对着一个糟糕透顶的局面,他们一起享受了一个美妙的夜晚。

当你决定快乐时,不管发生什么事情都是可以快乐的。我们的生活有太多不确定的因素,你随时可能会被突如其来的变化扰乱心情。与其随波逐流,不如有意识地培养一些让你快乐的习惯,随时帮助自己调整心情。

快乐可以随时随地产生,那么,能否将快乐进行到底,一生都保持快乐的生活呢?美国舒勒博士在他《快乐的态度》一书中揭开了永远快乐的秘诀:

1. 没有人是完美的，我们要承认自己的弱点，并乐意接受别人的建议、帮助和忠告，只要你勇于承认自己需要帮助，成功必然在望；

2. 从挫折中吸取教训，继续努力；

3. 生活必须诚实和富有正义感，这样才能吸引好朋友来帮助你，记住：好人永远是快乐的；

4. 能屈能伸，无论顺境或逆境，我们的生活态度都应该是处之泰然；

5. 热心帮助别人，让自己受人尊敬，融洽与他人的关系；

6. 要人待你好，你必须先对他人好，当你受到不平等待遇时，你必须宽恕和同情他人；

7. 坚守信念，相信自己；

8. 快乐永存心间，只要时常保持心情开朗，快乐是很难舍弃你的。

快乐是一种感觉，我们只有随时随地寻找这种感觉，才能将生活中的快乐进行到底！

小测试：

你快乐吗

1. 如果美国米高梅电影公司请你拍《猫与老鼠》的大结局，你会怎样处理这对欢喜冤家？

A. 猫终会吃掉老鼠

B. 猫和老鼠连手去搞其他的卡通明星

C. 猫与鼠依然势不两立，但谁也胜不了谁

D. 小鼠终于弄死了老猫

2. 意大利佛罗伦萨有一幢建筑，据说是当地最古老的建筑，你认为它今天是在什么部门？

A. 图书馆

B. 市政府

C. 银行

D. 医院

3. 据说这幢建筑里有一对幽灵，你认为下面哪种说法更合理？

A. 通奸，关进黑牢，最终成为幽灵

B. 对情侣爱的永恒才灵魂不灭

C. 两人被嫉妒的巫师施了魔法

D. 两人新婚之夜被大火烧死

4. 如你装了很多现金的钱包在逛街的时候不慎丢失，你会？

A. 先去公安局挂失

B. 去每一个刚才使用过钱包的地方询问

C. 在路上找

D. 先坐下来，好好想想再说

5. 如果你明天要5点钟起床去赶飞机，你会如何确保准时？

A. 拜托家人5点叫你

B. 设下闹钟，准时叫醒

C. 早点休息，明早自然能醒

D. 在睡觉前默念5遍5点早起

6. 如果你刚与客户签约，突然发现有一条不太重要的条款没有列上。而如果要重新签约就要非常花费时间和金钱，你会？

A. 做事要严谨，重新签约

B. 与客户针对那个条款签个简单协议

C. 与客户针对那个条款，达成口头协议

D. 在方便的时候，再增补那条

7. 如果你在开车的时候，把一个逆行的学生撞倒，你会？

A. 孩子，你骑错车道了

B. 怎么样？没摔坏吧！太对不起了

C. 没事吧

D. 把他扶起来，看看车还能不能再骑

8. 如果你乘飞机时要一张临窗的位置，可入座时才发现是走道，你怎么想？

A. 这个出票员太马虎

B. 临过道也好，出入方便

C. 自己太不认真，没有检查

D. 和别人商量调座

9. 如果有人请你帮忙买软卧的票，结果你买了硬卧，你会怎么说？

A. 实话实说，向他致歉

B. 大讲坐硬卧的好处

C. 装作没事

D. 说：各有好处，但还是帮你换一张

10. 敞篷的跑车上，载着几名年轻人，他们言谈激烈，你想他们要干什么？

A. 聚会

B. 打劫

C. 寻仇

D. 上医院看人

记分方法：

1. A—5　　B—1　　C—3　　D—3

2. A—1	B—5	C—3	D—3
3. A—5	B—1	C—3	D—3
4. A—1	B—3	C—5	D—5
5. A—1	B—3	C—3	D—5
6. A—5	B—3	C—1	D—3
7. A—1	B—5	C—3	D—1
8. A—3	B—1	C—3	D—3
9. A—5	B—1	C—1	D—3
10. A—1	B—3	C—5	D—1

测试结果：

10—17　乐此不疲

你有制造快乐的天分，简直就是个开心果，即使开始对你有敌意的，在与你接触一段时间之后，也会情不自禁地会喜欢上你。你快乐的心绪是大家沉闷时的最好调剂。

18—25　乐天知命

你的笑经常是微笑。你是个诚实可靠，细致体贴的人，能了解和观察到周围事物较深层面的特点和含义。所以你不会大喜大悲。但却是别人不快乐的很好倾诉对象。

26—33　乐不思苦

你有时很快乐，有时会很伤悲。你是个性情易变，性格不稳定的人。如果心血来潮，你可以竭尽全力帮助身边每一个人，让他们快乐，但如果不顺，你会变成令人麻烦头痛的人，你这种性格是生活压力所致。

34—41　乐不露齿

并不是说你笑的时候真的不露齿，而是指你非常含蓄，让人捉摸不透，大家看你笑的时候，你可能不是很快乐，而你表面冷若冰霜时，可能又内心如火，你这种人一旦恋爱或合作，非常投入和疯狂，容易伤着别人。

42—50　乐极生疲

对于你，千万不要太兴奋，太喜悦，因为你这种认真仔细的人，一旦被情绪所左右，可能会犯大错误。你的直率的性格，使你会在十分快乐的时候伤着别人。